简明自然科学向导丛书

电子信息技术

主 编 王协瑞

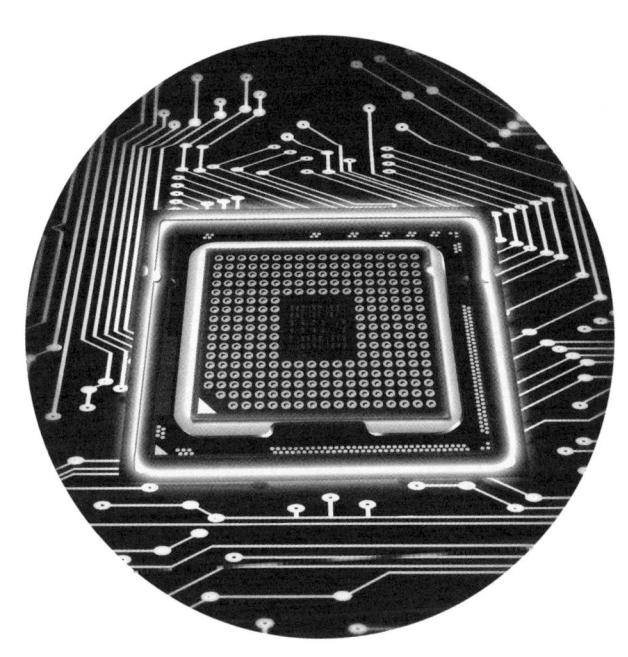

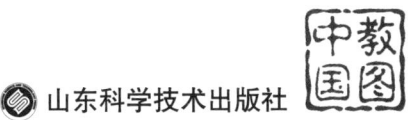

山东科学技术出版社

主　编　王协瑞

副主编　梁　军　刘　勇

编　者　赵国玲　张　磊　王毅东　张胜平

前言

随着电子信息产业的高速发展,当前社会已经进入信息时代,电子信息技术成为当代最活跃、渗透力最强的科学技术,随着我国科学技术的迅速发展和人民生活水平的不断提高,各种信息技术的应用已经进入千家万户,成为现代家庭生活中不可缺少的重要组成部分。

本书用通俗易懂的语言,从家用电器、通信技术、计算机应用和计算机网络四个方面向青少年读者介绍了信息技术的发展和应用。内容丰富,通俗易懂,既突出实用性,又注重知识性,以便读者在较短时间内学习更多的知识,掌握更多本领。

家用电器技术不断发展,新产品日新月异,新功能不断出现。家电篇可以帮助用户选购合适的家用电器以及能够更好地使用与维护家用电器,进而延长家用电器的使用寿命。家电部分主要介绍彩色电视机、家庭影院、照相机与摄像机、空气调节器与电冰箱、洗衣机等现代常用家电的基本知识、选购知识、使用技巧和正常维护等。

改革开放以来,我国的通信行业持续高速发展。其年发展速度始终保持在30%左右,过去一度作为制约我国经济快速发展的"瓶颈"的通信行业以大大高于同期国民经济增长速度的势头快速发展,为我国国民经济的发展起到了巨大的推动作用。随着通信行业的发展,新的通信技术、通信产品不断涌现,进入千家万户,成为百姓生活的一个重要组成部分。通信产品、通信技术和相关的名词,也逐渐为广大群众所认识和接受。通信部分主要介绍通信的基本知识、现代通信技术、现代通信设备以及通信的发展前景。

计算机是20世纪人类最伟大的科学技术发明之一。这项发明对人类社会产生了巨大的影响,为人们的工作和学习带来了许多方便。计算机部分介绍了计算机的发展、计算机的种类和作用、未来计算机的发展方向、计算机的软件硬件组成和作用、计算机中的数据存储和计算机的工作过程、计算机各种辅助设备的功能和使用、常用办公和工具软件的使用、计算机声音图形图像等多媒体数据的处理和应用等内容。为了使人们更深入地了解计算机的应用,计算机部分的最后还介绍有关计算机程序设计的基本过程。

  计算机技术与现代通信技术的密切结合,形成了一个崭新的技术领域——计算机网络。目前,计算机网络正在广泛应用于办公自动化、企业管理、生产过程控制、金融与商业的信息化、军事、科研、教育、信息服务产业及医疗等各个领域,网络将更多地改变和影响人们的生活和工作方式。计算机网络部分主要介绍计算机网络的概念、构成、功能,计算机网络体系结构与网络协议,计算机的连接即结构化布线系统,组成计算机网络的常用软硬件,两种常见的网络即局域网和因特网的基础知识、工作原理及使用,网站建设与网络安全的有关问题,最后对计算机网络的发展进行了展望。

  在本书的编著过程中,尽管我们已经尽了最大的努力,但书中值得商榷的地方在所难免,恳请读者批评指正。

编　者

目录

一、让生活更加绚丽多彩——电器使用常识及新技术

神奇的电/1

电磁波的传播/3

SMT 技术/3

电视的显像原理/5

彩色电视机的分类/6

LED 液晶电视/7

等离子电视的现状及发展/9

背投电视/10

数字电视之路/11

机顶盒的作用/12

电视台与电视机的故障识别/14

高清电视/15

电视机画面的调节/16

功率放大器的分类/17

有源音箱/19

音箱的选购/19

麦克风的选择/20

家庭影院 DIY/22

数码相机的使用/23

家用数码摄像机的使用方法/25

数码相机选择/26

家用空调器的分类/28
家用中央空调器/29
数字变频式空调的特点/30
空调器的型号/32
空调器使用注意事项/33
购买空调的基本原则/34
空调常用专业术语介绍/35
家用电冰箱的分类/36
绿色无氟电冰箱/37
数字变频电冰箱/38
电冰箱使用技巧/39
全自动洗衣机的特点/40
洗涤新技术的应用/41
MP3 简介/43
MP4 播放器/44
MP5 播放器/47
数字音频常识/48
家用电器连线注意事项/49
家电节电/50

二、让我们连接五湖四海——通信技术及设备

世界电信日的由来/52
世界电信发展史上的第一次/54
通信中两项最重要的指标/56
个人通信/57
通信系统的组成/59
模拟通信和数字通信/60
干扰和噪声/61

基带传输技术 /63

调制解调技术 /64

多路复用技术 /65

信道编码 /67

异步传输与同步传输 /69

信息安全 /70

电路交换和分组交换 /71

同步数字系列 /73

光纤通信 /74

光纤和光缆 /76

无线电频段的划分 /77

短波无线电波通信 /79

微波通信 /80

卫星通信 /81

GPS 全球卫星定位系统 /83

北斗卫星导航系统 /84

移动通信技术 /86

第二代移动通信系统的代表——GSM 系统 /87

第三代移动通信系统 (3G) /88

第四代移动通信系统 (4G) /90

智能手机 /92

手机操作系统 /93

佩戴式手机 /95

手机辐射对人体的影响 /96

手机锂离子电池的特点 /98

手机 SIM 卡 /99

手机常用密码 /101

蓝牙技术 /101

GPRS/103

Wi-Fi/105

常用的电话特服号及特殊信号音/106

IP 电话系统/108

电视会议/110

三、了解你的计算机

计算机的发展与未来/112

计算机的种类/115

高性能计算机/116

计算机应用领域/116

硬件系统/117

CPU/118

存储器/119

硬盘存储系统/121

闪存/122

U 盘/123

移动硬盘/124

主板/125

总线/126

接口/127

声卡/128

视频采集卡/128

触摸屏/128

键盘/129

鼠标/131

扫描仪/132

显示器/133

打印机/133

计算机中的数制/136

数值型数据的表示方式/138

ASCII 码/139

国标码/140

图像和声音的表示/141

计算机的工作过程/142

计算机的性能指标/143

BIOS/144

计算机启动过程/145

软件系统/147

操作系统/148

计算机文件/150

Windows/152

数据库管理系统/155

计算机语言及语言处理程序/157

常用办公软件/158

金山中文办公组合软件/164

办公自动化软件/165

图形图像文件类型/166

声音文件及类型/166

多媒体技术/166

多媒体处理/167

多媒体数据压缩技术/167

常用媒体播放工具/168

计算机中的动画/170

办公自动化/171

平板电脑/171

四、计算机网络技术

信息高速公路/173

计算机网络概述/174

计算机网络的由来/175

计算机网络的功能/176

计算机网络的应用/178

计算机网络系统的组成/179

计算机网络的分类/180

网络的拓扑结构/181

总线型网络/181

计算机网络分层体系结构/182

OSI 参考模型/183

网络协议/186

TCP/IP 协议/187

综合布线系统/188

无线传输介质/189

局域网的基本构成/191

网络硬件总揽/191

服务器/192

客户端/193

网卡/193

网络集线器/194

网络交换机/195

路由器/196

无线路由器/197

网络操作系统/198

因特网的诞生/199

因特网的组成 /200

IP 地址 /201

域名 /202

因特网的工作原理 /203

因特网的管理与使用规则 /204

因特网在中国 /205

因特网的用途 /206

因特网的服务展示 /207

万维网(WWW)服务 /207

浏览器 /209

信息检索 /209

电子邮件 /210

BBS/212

云计算 /213

物联网 /214

DDN 专线 /215

宽带网 /215

网络安全 /217

网络病毒和木马 /218

预防病毒的方法 /219

黑客 /220

防火墙 /222

数字签名 /223

IPv6/224

三网融合 /225

一、让生活更加绚丽多彩——
电器使用常识及新技术

神奇的电

如今的世界是电的世界,每天我们都离不开电。离开了电,你会感觉突然之间无所事事,大部分工作都要停止。洗衣机不能用,电脑不能开,红绿灯不亮,电视机不能看,几乎进入了一个寸步难行的世界。电究竟是什么?到目前为止,在我们所认知的领域中,电是无声、无色、无形、无味、肉眼看不见的一种能、力或者波。没有电,迪斯尼乐园的情趣就不再存在;没有电,埃菲尔铁塔的情调将逊色不少。

在两千多年前,有一位希腊哲学家达尔斯注意到自然界有关电的现象:他发现摩擦琥珀后,琥珀可以吸附一些干草、羽毛等。这就是我们所熟悉的静电现象。后来直到 16 世纪,英国物理学家吉伯特对上述现象进行系统研究,并著有《磁性论》一书。下表中列出了部分与电的发现、应用有关系的科学家与事件。

时间	国家	发明与发现
公元前 624~546	希腊	达尔斯发现摩擦琥珀会吸引细线,如同磁铁吸引铁块
1603	英国	吉伯特指出地球是一大磁场,并以希腊语定义 electron(电子)一词
1660	德国	朱利克制造摩擦起电机
1729	英国	格雷认为物质分为导体与绝缘体

(续表)

时间	国家	发明与发现
1733	法国	迪非发现正负电
1752	美国	富兰克林用风筝做实验,发明了避雷针
1772	意大利	加凡尼提出带电体间的平方反比定律,介电常数概念
1779	法国	库仑提出摩擦定律
1785	法国	库仑提出库仑定律
1799	意大利	伏特发明电池
1820	法国	安培发现电流与所产生磁场强度定律,提出右手螺旋法则
1820	德国	奥斯特发表《关于电流对磁针作用的实验》
1821	英国	法拉第应用水银与磁石发现电磁旋转
1825	英国	史达约翰研制成功电磁铁
1827	德国	欧姆发现欧姆定律
1830	美国	亨利发现电磁感应及自感现象
1831	英国	法拉第发现电磁感应现象
1832	法国	必柯锡利用电磁感应现象制成发电机
1834	德国	楞次发现楞次定律
1840	英国	焦耳发现焦耳热定律
1864	德国	麦克斯韦发表电波理论
1876	美国	贝尔发明磁铁式电话
1877	美国	爱迪生机械式留声机
1879	美国	爱迪生发明灯泡
1881	美国	爱迪生在纽约建造火力发电厂,开始供应电灯用电
1887	德国	赫兹发现紫外线对放电的影响,实验确定电波的存在
1895	意大利	马克尼的无线通信装置在英国获得专利
1901		无线电电波横渡大西洋
1904	英国	弗莱明发明真空二极管
1907	美国	福雷斯特发明真空三极管
1925	英国	贝尔度制成机械式电视机
1950		使用电子学一词

电磁波的传播

波是自然界普遍存在的现象,如水波可以由木棍上下振动产生;声波可以由发声体振动产生;如果我们将导线的一端与电池正极相连,另一端与负极摩擦,使它们时断时续地接触,收音机就会发出"喀喀"声,这是因为导线与电池组成的电路中产生了迅速变化的电流,是变化的电流产生了电磁波,收音机接收了这一电磁波,并把它放大、转换成声音,这就是我们听到的"喀喀"。可以说,迅速变化的电流产生了电磁波。我们生活中的许多物体都能产生电磁波,如电脑、手机、微波炉、电视机等,它们产生的电磁波的强度虽不一样,但都是由一些复杂的电路产生迅速变化的电流而产生的,我们就生活在电磁波的海洋中。

虽然电磁波看不见、摸不着,但它确实可以给我们传递各种信息。电磁波是如何传播的呢?水波是通过水把振动向外传播;声波通过空气等介质把振动向外传播,电磁波的传播是否也需要介质?如果将手机放在真空罩内,拨打该手机,手机收到信号同时听到铃声,用抽气机将罩内空气抽掉,再拨打该手机,听不到铃声但仍收到信号。所以电磁波的传播不需要介质,在真空中也能传播。

声音的传播与光的传播速度是不一样的,电磁波的传播速度又如何?

科学测量表明,真空中电磁波的波速 $c=2.99792485×10^8$ 米/秒 $≈3×10^5$ 千米/秒。

光也是电磁波,在真空中的传播速度 $c=2.99792485×10^8$ 米/秒 $≈3×10^5$ 千米/秒。

SMT 技术

SMT(Surface Mounted Technology)称为表面组装技术或表面贴装技术,是目前电子组装行业里最流行的一种技术和工艺。不需要对印制板钻元件插装孔,直接将元器件贴或焊到印制板表面规定位置上的装联技术。先进的电子产品组装中已普遍采用表面组装技术。

特点

(1) 组装密度高、电子产品体积小、重量轻,贴片元件的体积和重量只有传统插装元件的 1/10 左右,一般采用 SMT 之后,电子产品体积缩小 40％～60％,重量减轻 60％～80％。

(2) 可靠性高、抗振能力强,焊点缺陷率低。

(3) 高频特性好。减少了电磁和射频干扰。

(4) 易于实现自动化,提高生产效率。

(5) 降低成本达 30％～50％。

(6) 节省材料、能源、设备、人力、时间等。

为什么要使用 SMT 技术

(1) 电子产品追求小型化,而以前使用的穿孔插件元器件已经无法再缩小。

(2) 电子产品功能更完整,所使用的集成电路已无穿孔元件,尤其是大规模、高集成的集成电路,不得不采用表面贴片元件。

(3) 电子产品的生产批量化、自动化,企业要以低成本、高产量产出优质产品以迎合顾客需求,进而加强市场竞争力。

(4) 电子元器件的发展,集成电路的大量开发,半导体材料的多元应用。

(5) 电子科技技术改革势在必行,追逐国际潮流。

发展趋势

(1) 目前,封装技术的定位已从连接、组装等一般性生产技术逐步演变为实现高度多样化电子信息设备的一个关键技术。更高密度、更小凸点、无铅工艺等需要全新的封装技术,更能适应消费电子产品市场快速变化的需求。封装技术的推陈出新,也已成为半导体及电子制造技术继续发展的有力推手,并对半导体前道工艺和表面贴装技术的改进产生重大影响。如果说倒装芯片凸点生成是半导体前道工艺向后道封装的延伸,那么,基于引线键合的硅片凸点生成则是封装技术向前道工艺的扩展。

(2) 在整个电子行业中,新型封装技术正推动制造业发生变化,市场上出现了将传统分离功能混合起来的技术手段,正使后端组件封装和前端装配融合变成一种趋势。不难观察到,面向部件、系统或整机的多芯片组件封装技术的出现,彻底改变了只是面向器件的概念,并很有可能会引发 SMT 产生一次工艺革新。

(3) 元器件是 SMT 技术的推动力,而 SMT 的进步也推动着芯片封装技术不断提升。片式元件是应用最早、产量最大的表面贴装元件,自打 SMT 形成后,相应的 IC 封装则开发出了适用于 SMT 短引线或无引线的 LCCC、PLCC、SOP 等结构。四侧引脚扁平封装(QFP)实现了使用 SMT 在 PCB 或其他基板上的表面贴装,BGA 解决了 QFP 引脚间距极限问题,CSP 取代 QFP 则已是大势所趋,而倒装焊接的底层填料工艺现也被大量应用于 CSP 器件中。

(4) 可以预见,随着无源器件以及集成电路等全部埋置在基板内部的 3D 封装最终实现,引线键合、CSP 超声焊接、POP(堆叠装配技术)等也将进入板级组装工艺范围。所以,SMT 如果不能快速适应新的封装技术则将难以持续发展。

电视的显像原理

人的眼睛能够区别一百多种不同的颜色,但电视的显像管却不能直接显示那么多种颜色,电视台也无法直接把物体的不同颜色转化成相应的电信号,因而电视就不能直接传送彩色景物,应用其他方法——三基色原理可解决此问题。

该原理认为自然界中的一般颜色均可分解成红(R)、绿(G)、蓝(B)三种基色;反之,利用 R、G、B 三种基色的不同组合又可以混合出自然界中各种不同的颜色。将被摄景物的颜色通过摄像机的光束分离分解为 R、G、B 三种基色,并转换成相应的电信号,这是由电视台摄像机来完成的。而将 R、G、B 三基色组合起来,并且混合成景物原来的色彩,则是由接收端的电视机显像管完成的,通过人眼视觉的空间混色效应来形成一幅图像。

当屏幕上不同颜色的 R、G、B 三色靠得很近时,人眼就不能分辨出它们各自的颜色,所感觉到的只是它们的混合色,即一个像素。人们从显像管屏幕上看到的五彩缤纷的彩色图像,是由几十万个像素构成的,是显像管屏幕上紧密交错的 R、G、B 三色光点混色的结果。

不难看出:红+绿=黄　　　　红+蓝=紫

　　　　　绿+蓝=青　　　　红+绿+蓝=白

红、绿、蓝三色成为基色,青、紫、黄分别为它们对应的补色。这个相加混色规律只有按一定比例相加才成立,如果改变所配颜色的量,混色结果就会发生变化,且色调和色饱和度都会发生变化,这就是色彩的分解与合成。

在电视系统中,摄像机把拍摄的画面变为电信号,经过分解、编辑、合成的电视信号,再经高频信号调制后发射出去。不同的高频信号即为不同的电台。不同的电视信号经选择、解调、变换后由显像管将电信号变为画面。

彩色电视机的分类

彩色电视机按屏幕尺寸的大小可分为小屏幕电视机和大屏幕电视机;按显像屏幕的类型可分为显像管屏幕型、液晶板屏幕型和等离子体屏幕型彩色电视机;按功能可分为数字电视和模拟电视等多种类型。

小屏幕电视机和大屏幕电视机

显像管的尺寸大小以屏幕对角线的长度为衡量标准,决定是小屏幕电视机还是大屏幕电视机。显像选择如下:

直角平面管通常为 42 厘米、46 厘米、53 厘米、63 厘米、71 厘米、73 厘米、86 厘米、96 厘米、101 厘米等。其中 63 厘米及其以上为大屏幕电视机,其余为小屏幕电视机。

制式(通常有 PAL、NTSC 和 SECAM)

PAL 制主要适用于中国、英国、澳大利亚、巴西、瑞士、新西兰、丹麦、比利时等;NTSC 制主要适用于日本、美国、加拿大、菲律宾、墨西哥、台湾省等;SECAM 制主要适用于法国、俄罗斯东欧各国、古巴、沙特阿拉伯、中东各国等。

传统显示器由于使用显像管,必须通过电子枪发射电子束到屏幕,因而显像管的管颈不能做得很短,当屏幕增加时也必然增大整个显示器的体积。液晶显示器通过显示屏上的电极控制液晶分子状态来达到显示目的,即使屏幕加大,它的体积也不会成正比的增加(只增加尺寸不增加厚度,所以不少产品提供了壁挂功能,可以让使用者更节省空间),而且在重量上比相同显示面积的传统显示器要轻得多,液晶电视的重量大约是传统电视的 1/3。液晶电视拥有 1.67 百万的色彩数量,画面层次分明,颜色绚丽真实。分辨率大,清晰度高。液晶显示器一开始就使用纯平面的玻璃板,其平面直角的显示效果比传统显示器看起来好得多。不过在分辨率上,液晶显示器理论上可提供更高的分辨率,但实际显示效果却差得多(存在一个最佳区域)。

等离子显示技术证明比传统的显像管和液晶显示屏具有更高的技术优势,与直视型显像管彩电相比,等离子显示屏的体积更小、重量更轻,而且无X射线辐射。另外,由于等离子显示屏各个发光单元的结构完全相同,因此不会出现显像管常见的图像几何畸变。等离子显示屏屏幕亮度非常均匀——没有亮区和暗区,不像显像管的亮度——屏幕中心比四周亮度要高一些,而且,等离子显示屏不会受磁场的影响,具有更好的环境适应能力。等离子显示屏屏幕也不存在聚焦的问题,因此,完全消除了显像管某些区域聚焦不良或年月已久开始散焦的顽症;不会产生显像管的色彩漂移现象,而表面平直也使大屏幕边角处的失真和色纯度变化得到彻底改善。同时,其高亮度、大视角、全彩色和高对比度,意味着等离子显示屏图像更加清晰,色彩更加鲜艳,感受更加舒适,效果更加理想,令传统电视叹为观止。与液晶显示屏相比,等离子显示屏显示有亮度高、色彩还原性好、灰度丰富、对迅速变化的画面响应速度快等优点。由于屏幕亮度高达150勒克斯,因此可以在明亮的环境之下尽情欣赏大画面的视讯节目。另外,等离子显示屏视野开阔,能提供格外亮丽、均匀平滑的画面和前所未有的更大观赏角度。等离子显示屏的视角高达160度,普通电视机在大于160度的地方观看时画面已严重失真,至于视角只有40度左右的液晶显示屏则更加望尘莫及。此外,等离子显示屏平而薄的外形使其优势更加明显,特别适合公共信息显示、壁挂式大屏幕电视和自动监视系统。由于等离子显示屏很容易与大规模集成电路联合"行动"、匹配"作战",于是,它能以轻装上阵。体内零部件任凭拆卸,工艺方便易行,结构更加简单,很适合现代化大批量生产。同时也因此能够大幅度减少机子的体积和重量,效果十分理想。

LED 液晶电视

目前在中国家电行业中,通常所指的 LED(发光二极管)电视严格来讲,名称应该是 LED 背光源液晶电视,是指以 LED 作为背光源的液晶电视,仍然是 LCD 的一种。

LED 与 LCD 的异同点

(1) 从结构上看 LED 与 LCD 的异同点

LED 的结构与我们比较熟悉的 LCD 在电路结构上是完全相同的,不同点仅是背光光源的差别。LCD 背光驱动板是将开关电源输出的直流电压转换成高频高压正弦脉冲,驱动的是 CCFL 灯管,而 CCFL 灯管结构类似于我们常见的日光灯,这种背光驱动板俗称逆变器。LED 背光驱动板是将电源输出的较低的直流电压适当升压,输出的直流电压驱动 LED 管发光。输出电压大小视 LED 灯条的需要而定。

(2) LCD 与 LED 背光灯安装方式的异同点

LED 背光灯的安装方式与 LCD 一样分为侧光式与直射式两种。侧光式即背光灯安装在液晶屏中导光板上下或左右的边缘,小屏幕 55 厘米以下的 LCD 多采用此方式,而 55 厘米的 LCD 几乎都采用直射式,即灯管安装于液晶屏后方。LED 电视中,由于直射式背光驱动电路复杂,成本高,故很少采用,现在流行的 LED 一般采用侧光式。

LED 液晶电视的特性

(1) 超薄

传统液晶电视的厚度通常为 10 厘米左右,LED 这种背光方式在笔记本电脑上较为常见,应用在电视上,使机身厚度有了"薄"的飞跃。

(2) 环保节能

在传统液晶电视使用的背光源——CCFL 冷阴极荧光灯中,含有对人体有害的汞。虽然厂商在想方设法降低荧光管中汞的含量,但是完全无汞的荧光管会带来一些新的技术问题。而 LED 背光源绝不含汞,符合绿色环保的时尚。LED 背光源还非常节电。LED 内部驱动电压远低于 CCFL,功耗和安全性均好于 CCFL。

(3) 寿命长

不同 CCFL 的额定使用寿命(半亮)在 8 000～100 000 小时。为了增强性能而采用了改进设计的 CCFL 背光,使用寿命还会更低一些。而 LED 背光源则可以达到 CCFL 的 2 倍左右。因此,LED 背光源的使用寿命通常要比 CCFL 更长一些。

(4) 色域宽广

实质上就是画质品质。根据发光颜色的不同,LED 可以分为白光 LED 背光源和 RGB-LED 背光源。白光 LED 技术的优势主要是耗电量较低,而 RGB-LED 背光源的优势在于出色的色彩表现力。RGB-LED 背光源通过可以发出高纯度红色、绿色、蓝色光的 LED 器件,实现传统 CCFL 光源不能达到的宽广色域范围。目前主流的 RGB-LED 背光源已经可以达到 105% 的 NTSC 色域范围,性能更加强大的 LED 器件可以实现 120% 以上的 NTSC 色域范围。

等离子电视的现状及发展

所谓等离子体,就电气技术而言,它指的是一种拥有离子、电子和核心粒子的不带电的离子化物质。等离子体包括几乎相同数量的自由电子和阳极电子。在一个等离子中,其中的粒子已从核心粒子中分离出来。因此,当一个等离子包括大量的离子和电子,从而是电的最佳导体,而且它会受到磁场的影响,当温度高时,电子便会从核心粒子中分离出来。

等离子平面屏幕技术支持下的显示器真可谓是如日中天,它是未来真正平面电视的最佳候选者。其实等离子显示技术并非是近年才有的新技术,早在 1964 年美国伊利诺斯大学就成功研制出了等离子显示平板,但那时等离子显示器为单色。现在等离子平面屏幕技术为最新技术,而且它是高质图像和大纯平屏幕的最佳选择。大纯平屏幕可以在任何环境下看电视,等离子面板拥有一系列像素,同时这些像素又包含有三种次级像素,它们分别呈红色、绿色、蓝色。在等离子状态下的气体能与每个次像素里的磷光体反应,从而能产生红色、绿色或蓝色。这种磷光体与用在阴极射线管(CRT)装置(如电视机和普通电脑显示器)中的磷光体是一样的,你可以由此而得到你所期望的丰富有动态的颜色,每种由一个先进的电子元件控制的次像素能产生 16 亿种不同的颜色,所有的这些意味着你能在约不到 6 英寸厚的显示屏上更容易看到最佳画面。

当然,由于等离子显示屏的结构特殊也带来一些弱点。比如由于等离子显示是平面设计,而且显示屏上的玻璃极薄,所以它的表面不能承受太大或太小的大气压力,更不能承受意外的重压。等离子显示屏的每一个像素都是独立地自行发光,相比于显像管电视机使用一支电子枪而言,耗电量自然大增。一般等离子显示屏的耗电量高于 300 瓦,是未来家电中不折不扣的耗电大户。由于发热量大,所以等离子显示屏背板上装有多组风扇用于散热。另外,等离子显示屏价格较高,主要用于公共场所,如飞机场、火车站、展示会场、企业研讨、学术会议及远程会议等。

背投电视

　　背投（Rear Projector）是相对于正投影机（Front Projector）而言的。市场上常见、人们常提到的多媒体投影机主要是指正投影机。从原理上讲，背投和正投是相同的。简单地说，正投是观察者和投影机位于反射屏幕的同一侧，从投影机投射出来的光照射到屏幕，观察者看到的是屏幕反射回来的光；背投是观察者和投影机位于背投屏幕的两侧，将投影机安装在机身内的底部，从投影机投射出来的光照射到半透明的背投屏幕时会有部分光透过，观察者看到的是透射出来的光。

　　对于使用背投的用户来说，由于投影机和屏幕合为一体，用户无须对系统进行光学调整，使用起来像使用普通电视机一样简单。由于背投是将投影机做在箱体里的，投射到屏幕上的图像不会受到环境光的影响，因此在较亮的环境中也可以完好地显示图像。背投箱体中存在较大空间，可以方便地接入电视信号和安装优质的音响，背投电视就是这种原理的产物。背投电视根据其采用的投影机种类，可以分为CRT（阴极射线管）、LCD（液晶）、DLP（数字光处理器）、LCOS（反射液晶）等类型。

　　显像管背投具有亮度高、连续使用时间长的优点，由于显像管技术非常成熟，生产规模较大，性价比高，在当前背投市场处于主导地位。显像管背投的缺点是很难提升亮度，因为它是靠荧光粉发光，容易使显像管老化，时间长了，画面会变暗，清晰度降低。

　　液晶背投利用非常成熟的液晶投影技术，其色彩还原性好，亮度和对比度都优于显像管背投。液晶背投由于靠灯泡发光，所以很容易提升亮度，只要提高灯泡的功率就可以了，随着技术的不断提高，灯泡寿命有了较大提升，已接近普通电视机使用的寿命。液晶背投目前还没有成为背投市场主流的主要原因是成本高；此外与CRT背投相比，虽然显示效果好，但限于其工作原理上的原因，不能做到像CRT背投那样随开随关，开机的预热和关机后的散热都需要时间。

　　数字光处理器背投亮度高、连续使用时间长、功能完备。由于采用数字处理技术，在对数字信号的再现方面具有很大优势。数字光处理器技术可以比显像管和液晶更容易实现小型化,而且成本更低,发展前景被业界看好。

反射液晶背投具有高亮度、高解析度、低功耗的优点。目前,基于反射液晶技术的产品还没有形成大规模量产,只有少数厂家推出了几款产品。由于反射液晶显示芯片的产量具有大幅度降低成本的潜力,被业界人士看好作为普及的产品技术,随着技术成熟,一旦实现大规模量产,将会有非常好的市场前景。

数字电视之路

随着数字电视(DTV)的开播,将给人们带来前所未有的高品质电视画面和逼真的环绕立体声效果。人类的生活质量将经历一次类似从马车向汽车转变的巨大变革。

按照中国电子行业标准,数字电视是从电视信号的采集、编辑、传播、接收整个广播链路数字化的数字电视广播系统。与传统的模拟电视(TV)相比,其优点是可基本实现高保真传输,即图像、伴音质量与演播室效果无差异。而现有的模拟电视广播,模拟信号离发射塔越远,衰减越严重。同时由于可以采用数据压缩技术,传输一套模拟节目的频道可用来同时传输 4~6 套数字电视节目,大大降低发射、传输费用。

数字电视节目的制作　数字电视节目根据内容的不同,采用不同制式摄制,其中大部分电影、电视连续剧和商业广告都先摄制在分辨率很高的胶片上,而现场演出或体育比赛实况则用高清晰度电视(HDTV)摄像机摄制。一般来说,有 1 080i 制式,即每帧画面有 1 080 行隔行扫描线,每行含有 1 920 个像素,则一帧画面超过 200 万像素(像素越多越清晰),另有一种 720P 制式,即 720 行逐行扫描线,每行像素 1 280 个,每帧画面近 100 万像素。另外还有 720i 制式(720 行隔行扫描),还有 480P 制式(480 行逐行扫描)。最终将出现设想中的具有数字电视最高分辨率水平的 1 080P 制式(1 080 行逐行扫描)。无论哪种制式的数字电视节目摄制后,都必须经过数字化处理后用于播出。

没有数字压缩技术,数字电视就不能产生。数字电视和其他数字视频系统采用 MPEG-2 压缩方案,用巧妙的算法对一幅画面进行分析;并经有效的方式对画面数据进行代码冗余处理。在数据的传输过程中，将根据节目的要求，采用不同制式用不同的带宽传输数据：例如体育比赛要求信息传输量大、速率更快，须采用（HDTV）制式占用一个带宽，而相同的带宽可以混输2~6套电影、戏剧等信息量少、速率慢的SDTV制式节目。电视台将根据节目类型、画面分辨要求采用不同的制式、不同的速率进行数据压缩播出，以此达到数据最佳传输效果。

电视台制作或传输的节目，由新型的数字电视机自动处理，并显示接收到的节目。为能自动处理数字信号，数字电视机必带有数字电视调谐器和解码器，有些电视机在加装一个单独模块或一个机顶盒后也能达到相同作用。美国消费电子协会最近界定了数字电视机标准，分为高清晰度电视（HDTV）、增强清晰度电视（EDTV）、标准清晰度电视（SDTV）三类。均采用16∶9或4∶3的屏幕宽高比，杜比数字音响。

国内市场上的绝大多数数字化彩电都是在不改变现行的广播传输体制（模拟体制）前提下，将经过图像检波的视频信号、经过伴音鉴频的音频信号以及其他部分进行数字处理的广播电视接收机。由于不带数字电视调谐器、解码器或不能加装模块、机顶盒（即不能升级），所以都只能是数字化彩电，不能称为数字电视机。

机顶盒的作用

机顶盒又称顶置盒，英文名称为 STB(Set-top Box)。机顶盒传统的说法是："置于电视机顶上的盒子。"它是利用有线电视网络作为传输平台，电视机作为用户终端，以提高现有电视机的性能或增加其功能。由于功能和用途不同，使得"机顶盒"这个概念有些模糊不清，如早期的增补频道机顶盒、图文电视机顶盒、付费电视机顶盒等。

数字电视机顶盒是信息家电之一，它是一种能够让用户在现有模拟电视机上观看数字电视节目，并进行交互式数字化娱乐、教育和商业化活动的消费类电子产品。

数字机顶盒的基本功能是接收数字电视广播节目，同时具有所有广播和交互式多媒体应用功能，包括：

(1) 电子节目指南（EPG）。它为用户提供一种容易使用、界面友好、可以快速访问想看节目的方式,用户可以通过该功能看到一个或多个频道甚至所有频道上近期将播放的电视节目。

(2)高速数据广播。它能为用户提供股市行情、票务信息、电子报纸、热门网站等各种信息。

(3)软件在线升级。它可看成是数据广播的应用之一。数据广播服务器按DVB数据广播标准将升级软件广播下来,机顶盒能识别该软件的版本号,在版本不同时接收该软件,并对保存在存储器中的软件进行更新。因特网接入和电子邮件。数字机顶盒可通过内置的电缆调制解调器方便地实现因特网接入功能。用户可以通过机顶盒内置的浏览器上网,发送电子邮件。同时机顶盒也可以提供各种接口与PC相连,用PC与因特网,有条件接收。有条件接收的核心是加扰和加密,数字机顶盒应具有解扰和解密功能。总之,到目前为止,围绕数字机顶盒的数字视频、数字信息与交互式应用三大核心功能开发了多种增值业务。数字电视机顶盒的主要功能就是将接收下来的数字电视信号转换为模拟电视信号,使用户不用更换电视机就能收看数字电视节目,图像质量接近500线水平。

网络电视机顶盒是在微软公司"维纳斯计划"和凯思公司"女娲计划"的催化下产生的,主要功能是使我国现有3.2亿台模拟电视机通过PSTN(公众电话交换网)或双向CATV网实现因特网接入、收发电子邮件、游戏娱乐、网上学习等。

多媒体机顶盒是前两种机顶盒的功能综合,有的也称为综合业务机顶盒或全功能数字机顶盒。它可以支持几乎所有的广播和交互式多媒体应用,包括收看普通电视节目、数字加密电视节目、点播多媒体节目和信息、电子节目指南(EPG)、收发电子邮件、因特网浏览、网上购物、远程教育等,需要的条件是双向CATV网。

机顶盒的工作原理:——机顶盒各个模块在因特网的高速接入中协同工作。最终到达因特网业务提供者的调制解调器共用机架上,然后通过动态分配法,该用户获得本次交易中使用的IP地址,并把请求送往因特网。当因特网的内容被找到之后,接着把它送因特网业务提供者(ISP)那里,再由ISP的路由器负责把它送到电缆电视网络,最后回到用户的机顶盒。在有线电视的机顶盒,信息内容被截获。机顶盒在电视机与电缆网络之间完成一个网关的任务。它的任务是管理 IP 的通信流量，具有控制用户进出网络的能力，一旦 IP 包到达机顶盒，把视频信号从该包中分离下来，对其中的数据进行译码，然后把它送到浏览器里准备在电视机上显示。

由于 Cable Modem 要求用户要配置一部电脑才能上网，影响了用户层的扩展，而使用机顶盒则不需电脑，一部电视机足矣，因而机顶盒的市场前景可能看好。信息使用者从企业向家庭过渡，网络带宽从窄带向宽带过渡，用户入网设备从 PC 机向带机顶盒(STB)的电视过渡，使用界面从 Windows 向电视遥控键界面过渡，信息内容从为企业服务向为人民生活服务过渡，是网络服务发展的大方向，机顶盒(STB)显然是这个大方向上的一个阶段。

电视台与电视机的故障识别

目前，电视机可以说是家庭中最普及的家用电器之一。但是，不少家庭在收看电视节目时，往往因为不能辨别是电视机有问题还是电视台发射的信号有问题而去盲目地调整电视机的设置，结果是越调效果越差，甚至影响到电视机的使用寿命。那么，怎样才能区分电视台与电视机的故障呢？

(1) 观看经微波送的节目时，有时会出现一片杂波。这种杂波往往过几秒钟就会自动消失，图像、声音又好起来。这种情况是由于微波信号中断所造成的。

(2) 在收看电视录像节目时，画面中有时会出现一段或几段图像的水平同步失调，这是由于电视台在放映录像过程中，某一部分信号失去锁机产生的。

(3) 当电视台播放电影时，时常会见到许多竖条的斑点，特别是旧影片更加明显。这是因为影片本身划痕造成的，既不是电视台的问题，也不是电视机的问题。

(4) 收看舞台演出的实况转播时，电视荧屏上的杂波有时会增大，清晰度降低，彩电甚至失去色彩。这是由于摄像机所处的位置不同或舞台转播灯光较暗造成的节目信号质量较差，所以收看的效果也就差了。

(5) 在观看体育实况转播时，常常发现画面亮度、对比度和色彩经常发生突变。这是由于实况转播中，几台摄像机摄取的景物亮度不一致，以及几台摄像机可能调节在不同的基准上，因而出现这类现象。

（6）有时画面切换会产生图像跳动。这是由于电视台切换系统不健全或者实况转播车和中心没有锁机系统造成的。

所以，人们在收看电视时，如果出现画面质量不好的情况，一定要辨别清楚是电视机还是电视台的问题。

高清电视

电视节目在制作完成之后，电视台要把节目发射出去，用户才能看到电视节目。在传统的模拟电视中，模拟全电视信号通过调制在无线电射频载波上发送出去。数字电视则是发射前对电视信号进行数字压缩处理，并按照数字电视的标准进行调制或信道编码，这时候发射的就是数字电视节目了。信号发射出去之后，在接收端接收到数字信号后，可以通过一种数字电视信号解码器，将数字信号解调为数字的音频、视频信号，再进一步将这些数字信号经过数字模拟转换电路处理为模拟的音频、视频信号提供给电视机。

只要是显像管电视，其电视机的驱动都是由模拟信号来驱动的，数字信号是无法驱动显像管的电子枪工作的。那么谁来完成数字信号接收和处理为模拟信号的解码功能呢？目前上市的高清晰度电视不具备这一功能，而需要一个外接的被称作数字电视机顶盒的产品来完成，它是一个独立于电视机之外的数字电视信号解码器，主要功能是：把通过天线或电缆接收的数字信号解调为数字音频、视频信号，最后再把数字音频、视频信号由数模转换电路处理为模拟的音频、视频信号，通过自身 AV、S 端子接口或色差（YpbPr、YCbCr）等输出接口，连接到电视机的音频、视频输入接口上来收看数字电视的节目。如果把这个机顶盒集成到电视机的内部，那么就可以像现在看模拟电视节目一样，把接收数字信号的天线或电缆直接接到电视机背面的天线接口上，来收看数字电视节目，这样的电视我们称作高清晰度电视接收机。因为国家数字电视标准没有正式出台，加之将来数字电视节目开通后的收视付费授权等方面的原因，所以目前上市的高清晰度显像管电视都没有把机顶盒部分的电路做到电视机内部，只是完成了把机顶盒输出的模拟的高清晰度视频信号显示、声音信号输出的功能，这就是它们称作高清晰度电视而不是高清晰度电视接收机的缘故了。对数字电视节目而言，目前的高清晰度电视的功能从视频信号显示方面来讲类似于电脑显示器。

电视机不分数字和模拟的,无论我们原有传统彩色电视接收机还是现在的高清晰度电视,这些电视机都是模拟的。目前厂家之所以把高清晰度电视称作数字高清晰度电视,主要原因是在接收的信号格式转换过程中运用了数字化变频技术(A/D 转换、数据存储、D/A 转换)。

那么,是不是原有传统彩色电视机和现在的高清晰度电视都能接收高清晰度视频信号呢?答案是肯定的。但传统彩色电视机只能通过 AV、S 端子接口接收数字电视机顶盒输出的由高清晰度视频信号转换而成的 480i、576i、576P 格式的标准清晰度信号,自然欣赏到的画面清晰度已大打折扣了。

高清电视与普通电视在显示方式上大不一样,前者采用专用的高清显像管,不是通常所说的隔行、逐行扫描,而是逐点成像。如何正确识别和选购数字高清彩电呢?数字高清(HDTV 或 HDTV-ready)已经成为全球数字高清彩电的统一标志。因此,消费者通过目测电视机外观上有无"HDTV-ready"或"1080i-ready"字样来初步判断该电视是否是数字高清电视,如果电视机本身无此标记,即使有再多的数字高清宣传资料和海报,也不能证明其数字高清电视身份。其次是看电视是否具备数字高清专用接口,数字高清电视与普通电视的最大区别就是可以接收数字信号。此外,数字电视在数字信号接口设置上也有很大差别,可兼容多种信号模式,由于国家标准尚未确定,因此兼容信号模式越多越易与国家数字信号相匹配,反之则有被淘汰的危险。

还有就是消费者在选购数字高清彩电时,容易将宣传资料中具备"高清晰逐行扫描模式"的电视误解成数字高清电视。

电视机画面的调节

彩色电视机的调整步骤和方法如下:

(1) 调节图像对比度

对比度太强会使图像层次减少,显得生硬,丢失许多图像细节,而且还会发生伴音干扰图像的现象。对比度调得过低,也会使图像层次减少,看起来很费力,因此需要正确地使用对比度旋钮,调出能明显分辨的六个灰度等级,使最左一级刚好不亮,而最后一级亮度适当。当关掉彩色饱和度钮时,由于彩色中有不同的信号电平,应能够明显地分辨出它们的层次。

(2)调节亮度和底色

调节彩色电视机的亮度旋钮,使亮度适当,既不要亮得刺眼,也不要调得太暗,应以较长时间观看电视时眼睛不疲劳为佳,然后关掉彩色饱和度,使图像不带颜色,呈现黑白色。有色调旋钮的彩色电视机,需要调节色调旋钮至最小。

(3)调节水平清晰度

对比度在一定条件下能代表显像管信号的强弱。对比度调好了,说明加给显像管的信号强度合适,此时就可以进行水平清晰度的调节了。在调节调谐器旋钮或频道微调旋钮时,应仔细观察测试图中的水平清晰图案,尽量使细密的竖线条清晰可辨,而且没有镶边和拖尾。同时还要求伴音良好,不干扰图像。在彩色电视测试图中,可分辨出的最密线条的位置越靠右越好,它表示该电视机的水平清晰度较高。

(4)调整色饱和度

进行色饱和度调节时,首先把色饱和度旋钮旋到最小位置,然后根据电视观众本人的爱好来调节颜色的深浅。颜色太浓了会缺乏真实感,太淡了就失去彩色的意义。一个比较合适的标准是:图像中人物的肤色,特别是手部和脸部的颜色,要接近普通人的颜色,即色饱和度旋钮调节到使肤色的颜色接近正常人的肤色即可。此外,调节颜色时,可适当调节频率微调旋钮。

调节色饱和度旋钮,使测试图中呈现白、黄、青、绿、紫、红、蓝、黑顺序的彩色。但饱和度的深浅,从彩条上一般不易辨认,需要借助于测试图上部的肤色标准,应将男性肤色(左)调得比女性肤色(右)稍深,并且近似于通常的肤色。如果调得太浅,女性肤色会近于白色;如果调得太深,则男性肤色发红,或者分不清男女肤色,只有将彩色饱和度调得合适,图像才会有好的彩色效果。

功率放大器的分类

电子管放大器:俗称"胆机"。采用电子管作为放大级,主要优点是:动态范围大,线性好,音色甜美、悦耳温顺。电子管与晶体管的传输特性不同,两者有一定差异,如因信号过大发生激励(信号刺激超过承受范围)时,电子管波形变化较和缓,晶体管的则不大平滑,直接影响音质,又如电子管的放大多激发"偶次谐波",这些"偶次谐波"与音质无损,而晶体管放大器多激发"奇次谐波",会引起听感的不适。但电子管功放也存在两个问题,一是内阻大导致放大器阻尼系数小,影响瞬态特性,二是电子管需高压供电,离不开变压器,变压器不仅功耗大,还会导致失真,而且体积大,由于在汽车里面使用环境较为恶劣(高温、振动、电源等问题)从而很大程度限制了胆机在汽车音响系统中的使用,因此在市场上流通率并不高。

晶体管放大器:它克服了电子管功放的两个缺点,一是阻尼系数可做得很高,有良好的瞬态特性,在声音的节奏感、力度上要比胆机明快、爽朗、有力;二是无须变压器,不仅节省成本,缩小体积,而且避免了由变压器所引起的失真。晶体管放大器是现在市场上汽车音响功率放大器的主流产品,品种繁多,档次齐全,是车主选用的主要产品。

集成电路放大器,它的最突出优点是可靠性高,外围电路简单,组装方便,不足之处是电声指标(功率、频响、失真度、信噪比等)和音质皆不如分立元件组成的放大器,主要应用在主机的功放级上。

如果按电路工作状态分类,则分为:

甲类放大器:这种功放的工作原理是输出器件(晶体管或电子管)始终工作在传输特性曲线的线性部分,在输入信号的整个周期内输出器件始终有电流连续流动,这种放大器失真小,但效率低,约为50%,功率损耗大,一般应用在家庭的高档机较多。

乙类放大器:两只晶体管交替工作,每只晶体管在信号的半个周期内导通,另半个周期内截止。该机效率较高,约为78%,但缺点是容易产生交越失真(两只晶体管分别导通时发生的失真)。

甲乙类放大器:兼有甲类放大器音质好和乙类放大效率高的优点,被广泛应用于家庭、专业、汽车音响系统中。如果按放大器功能分类,则分为:

前级放大器:主要作用是对信号源传输过来的节目信号进行必要的处理和电压放大后,再输出到后级放大器。

后级功率放大器:对前级放大器送出的信号进行不失真放大,以强劲的功率驱动扬声器系统。除放大电路外,还设计有各种保护电路,如短路保护、过压保护、过热保护、过流保护等。

前级功率放大器和后级功率放大器一般只在高档机或专业的场合采用。

合并式放大器:将前级放大器和后级放大器合并为一台功放,兼有前二者的功能,通常所说的放大器都是合并式的,应用的范围较广。

有源音箱

通常,有源音箱是指在音箱内部装有自配功放的一类音箱。这些功放是专门用于推动音箱内的喇叭,由于进行了专门的匹配设计,所以这些功放都能较好地用于推动音箱内的喇叭,从而让使用者不需再去考虑功放的功率有多大以及阻抗是否匹配等问题。另外,由于在音箱内还装有在放大器的前边便进行分频的电子分频器以及每台功放仅仅负责放大一段频率的声频信号,所以放大器的效率往往可以做得高些,失真也相对可以小些。

目前,除用于家庭影院的前置主音箱外,还另有专门用作超低音音箱以及环绕音箱的有源音箱。至于适用于配以家庭影院用的有源音箱,近来在市场上见到一些,比如那些称为 3D 的高保真有源音箱便是在这些音箱内还加装了 3D 环绕声解码器(处理器)。只需配置两只这类有源音箱,便可利用双声道信号的移相、延迟及相关处理,将原来只能表现左右的立体声双声道信号转变为不仅仅有左右之分,而且还可以有前后之别的三维空间声。

音箱的选购

音箱是家庭影院系统的喉舌和脸面,其品牌、外观和内在质量等都是选购者所关心的问题。尤其是音箱的音质,它直接影响着整套器材的还音效果。购买时,要选择频响宽、功率够大、效率高、阻抗标准、动态范围大、外形美观、箱体沉重结实、扬声器磁钢大、相位准确、分析力强的音箱,还要根据居住环境、用途及个人爱好来选择大小、音色和品牌不同的音箱。选购的各只音箱的音色应匹配,在听觉上要达到高保真的要求。音箱的"个性"要小,"脾气"要随和,对 Hi—Fi 音乐和 AV 娱乐欣赏都能有良好的表现,音箱的承受功率最好能大于 100 瓦。选购音箱是为了重放音乐,什么样的音乐,什么样重放音色最好,这是没有肯定答案的。每个人的爱好、修养不同,好的标准也不同，所以必须以自己耳朵听到的为依据。别人怎么说都是次要的，因为买来音响是你自己听的。那么，我们怎样才能让买到的东西物超所值呢？

要合理定位

大部分工薪家庭的听音室面积不大（通常在12～16平方米），而且大都没有按听音要求进行装修。在这种环境里，即使摆放一套上好的家庭影院系统，也很难发挥出应有的效果。因此，那些不准备在这方面做较大投资的朋友应以简洁实用为上策，切不可盲目追求器材的功能全、个头大、件数多。

不可忽视品牌

音响器材的技术含量较高，作为生产厂家，如果没有一个素质较高的技术班子，很难生产出较高质量的器材。近几年，五花八门的电器厂、音响装配厂多了起来，但很多产品实在让人不放心，可是那诱人的价格和失实的宣传，又很容易吸引那些对音响不甚了解的买家。比如某些音箱组装厂，其指导思想就是箱体要大、喇叭孔要多，只要把与喇叭孔相吻合的喇叭单元装上即可。至于喇叭单元的精选、结合箱体分频器的设计、反复进行的调试工序等，则没人可以帮你。对于这些问题，名牌产品的生产厂家则有解决之道。

注意器材搭配

一套音响能否出好的效果，各器材之间的搭配是非常重要的，这绝不是各单元的简单叠加，而必须要考虑各器材的指标、特性，诸如有关单元的灵敏度、阻抗、功率、阻尼以及音色表现等因素。选购器材时，应该注意这些因素的匹配与协调。

客观试听

低价音响的销售商一般不会有专门的试音室，其试音环境（通常就是铺面）大都与闹市毗邻，在这种环境中试音很容易产生错觉。而一旦放在干扰很小的环境（如家庭）中欣赏，可能就觉得不耐听了。这就是为什么不少买家抱怨：试听时感觉不错，而一旦搬到家里就变了效果（其中也可能会有空间结构改变的因素）。所以，在购买时最好让卖家送货上门，并给予调试。

麦克风的选择

目前，市场上销售的麦克风主要分为两大类：一类是动圈式话筒。其主要特点是音质好,不需要电源供给,但价格相对较高。另一类话筒是驻极体话筒。其特点是耐用,灵敏度较高。作为家用麦克风,最好选择动圈式,因为其音质比其他种类的要好一些,可以真实地再现人声,且不易在音量大的环境下与音响设备发生自激啸叫,损坏音箱中的高音扬声器。正品货通常包装精美,外观设计也很美观,话筒握在手中应有沉甸甸的感觉,手感舒适,丝网罩上应无毛刺,更不易损坏,话筒线上应有与话筒相一致的商标品牌。在选出自己比较满意的产品后,可用一台质量优越的进口高保真音响进行试机。此时,你会发现麦克风成了一只小的扬声器,你可以用不同的话筒试验,选出音质最好的一种。最后再检查其工艺,即摇动咪头不应松动,更不能与话筒脱离。接入功放的话筒插孔后,开关时话筒不应有"咔啦"声,按压开关不应有任何杂音出现。经过以上的精挑细选,麦克风均能通过的话,这样的麦克风无疑是优良的。

卡拉 OK 话筒的选配,可根据自己的实际情况择优选配。首先,应了解自己的"家庭影院"(包括大屏幕彩电、调音台或均衡器、功放机等)的话筒输入方式,你想将话筒从哪一部分输入等。如从功放机的话筒输入插孔 MIC 输入,就要考虑你的功放机对话筒的适应能力,主要是话筒的输入阻抗、频率响应、动态范围及话筒插头的大小等。有些音响(主要是某些进口音响)的话筒输入灵敏度很高,如选配 600 欧姆及以上的中高阻抗话筒,唱歌时将会产生啸叫;相反,有些音响的话筒输入灵敏度较低,如果选配 200 欧姆的低阻抗话筒,唱歌时将发挥不出效果。总之,在购买话筒之前,应把以上情况搞清楚,必要时可借用其他朋友的话筒一试。对于我们业余歌手来说,应尽量选用有线话筒。因有线话筒具有性能稳定、价格便宜的特点,且有利于歌手的感情发挥。无线话筒适应于专业演唱人员的大舞台演唱使用,其主要特点是使用方便、灵活、无话筒线的约束,且演唱者的活动半径大。但是,低档次的无线话筒有易跑频、断音的情况发生。高级话筒虽然效果好,其价格都在数千元至上万元,相当于我们普通家庭整套"家庭影院"的投资总和。因此,家庭卡拉 OK 话筒的选配,300 元以下的有线话筒即可。

使用话筒有两点应注意问题:一是拿话筒的姿势,多数演唱者拿话筒的姿势不正确,话筒随便送到嘴边即开始演唱,很难发挥出歌手的全部演唱效果。正确的姿势应该是用右手或左手将话筒送至嘴前,与嘴基本保持水平,向前能正对话筒头,并保持2厘米左右的距离。二是演唱方式,很多演唱者在演唱时扯着嗓子喊,一首歌唱下来嗓子已喊哑。扯着嗓子喊除了对自己的嗓子有害外,对话筒也不利,因为话筒的音圈、音膜对声音的承受能力有限,即振幅有限,对着话筒大喊大叫易损坏音圈、音膜,造成声音失真,影响歌手演唱效果。

家庭影院 DIY

通俗地讲,将电影院搬到家里就成了家庭影院。更确切地说就是在家里配置一套既能看又能听的设备(通常称视听中心,又称 AV 中心),以及有一个合理的视听环境(或称声学环境),能将在电影院里产生的视听效果逼真地、完美地搬到家中,供家庭人员或亲友进行欣赏,并且还能聆听音乐和唱卡拉 OK 等。

家庭影院系统由节目源、放声系统(AV 功放+音箱组)及显示部分(大屏幕彩色电视机)组成。现介绍一种可以减少投资,组建经济型家庭影院的方法。

(1) AV 功放+5 只音箱

AV 功放应选择杜比公司认证的产品,功率无须太大,因为同等级产品价格和功率有很大关系。如果房间不是很大的话,主声道在 50 瓦以上、环绕声道在 25 瓦以上就可以,国产的约 1 300~1 600 元,进口的也有经济型的,约 1 700~2 000 元左右。至于音箱,则是个可大可小的投资,作为工薪阶层没有必要购买几千元一对的产品,主音箱购买国产的千元左右的产品,中置/环绕音箱可购买 700~1 000 元的产品。这样,一套投资仅需要 4 000 元,可是其效果应该是不错的。如果您还想节省的话,则可以在音箱上再降低档次,或是利用现有电视机的喇叭充作中置输出,日后再慢慢升级。

(2) 现有音响系统+杜比解码器+3 只音箱

如果您已经有一套比较好的组合音响系统又想充分利用的话,通过此种组合可以实现。杜比解码器必须选择带有中置/环绕功放的产品,其实它与 AV 功放的区别就是少了左右声道的功放。因其没有其他附加的功能反而使音乐少受干扰,音质甚至胜过功能繁多的 AV 功放,故很多 HIFI 和 AV 都想兼得的发烧友应该用这种组合。它利用您现有的音响系统充作左右声道的功放和输出,在利用解码器的功放配上中置/环绕音箱就可以了。国产的解码器约 1 000～1 600 元,3 只音箱可以在 700 元左右,这样总投资约 2 000 元左右,如果还是利用电视机的喇叭做中央声道输出的话,又可节省 200 元。

(3) 自制杜比解码器+3 对有源音箱

动手能力强又囊中羞涩的朋友,可以通过厂家购买杜比解码板自己制作,一般销售的解码板其实加上电源就可以工作,制作没有太大难度,再配上 3 对有源音箱(因解码板一般没有功放部分),总投资不过千元,其效果还是比两声道有质的飞跃。

数码相机的使用

(1) 液晶屏的应用

现在几乎所有的数码相机后面都有一个液晶屏,可以提供良好的预览效果,让您精确地掌握拍摄的角度和影像的位置及成像的大致效果。但是不要过于依赖它,因为它虽然提供了具体的影像,但其解析度并不高,所以在液晶屏上所看见的画质并不等于实际输出时的画质,而且开启液晶荧幕的耗电量相当于未开启的 3 倍,所以如没必要还是尽量少使用。

(2) 白平衡的控制

数码相机上 CCD 的感光能力无法和传统相机的底片一样拍摄出和人类眼睛所看见一样的颜色,也就是会产生色偏。要消除色偏就要调整光线色温的平衡,也就是所谓的白平衡。数码相机白平衡的调整模式通常有自动、日光、日光灯和灯泡等四种模式。虽然可以将白平衡设置成自动模式,但不是在任何光线下都可以达到良好的效果。所以平时可以多尝试不同光线下各种模式的运用,取得经验后,自然可以拍摄出满意的照片。

(3) 快门与光圈的配合

一般数码相机的感光度都比较高,在室内摄影时,通常有一盏日光灯的亮度就足够拍摄出清晰的照片,所以不一定要使用闪光灯。而一些较高级的数码相机还具有 ISO 感光度调整的功能,即在数码相机拍摄时,改变数码相机 CCD 的感光灵敏度。这样的好处是可以在弱光且不能使用闪光灯情况下(例如博物馆,夜行动物馆或近距离拍摄时)拍摄出清晰的影像。

(4) 通常较高档的数码相机也和传统相机一样,具有光圈优先、快门优先、手动曝光等调整模式。如果要加大被拍摄物的景深,可以将光圈缩小,快门放慢一些,使得前景、主体和背景的表现上都同样清晰。

(5) 快门键

数码相机的快门键和传统的傻瓜相机并没什么不同,只要按下快门键就可以拍照了。具有自动对焦与自动曝光的数码相机,其快门钮是两段式,按下第一段时开始对焦与测光并锁定,直到按下第二段时才真正拍摄。正确操作才可以得到对焦清晰、曝光准确的照片。

还有一点要注意的就是在光线不足的情况下拍摄时,为了保证曝光充足,相机会配合所使用的光圈自动降低快门的速度,以保证曝光量。这时使用者轻微的晃动都会影响到照片的清晰度。因此在光线不足的情况下拍摄时,持机一定要保证稳定。情况允许的话,最好使用三脚架以达到最佳的稳定度。

(6) 闪光灯的使用时机

绝大多数的人都认为摄影时,只有在光线不足的情况下,才需要开启闪光灯,其实有很多情况下都需要使用到。譬如说逆光拍摄时,若不使用闪光灯,将会造成所拍摄的物体表面曝光不足而背景又曝光过度的情况。此时,必须将闪光灯开启设置成强制闪光模式进行闪光补光,如此才能达到曝光准确均匀的效果。在室内或是夜晚拍摄人像时,记得要将闪光灯设置成防红眼模式,以避免照片上人物的红眼现象。

如果拍摄物或拍摄物附近有玻璃或是金属等反光的物体时,如没必要尽量避免使用闪光灯。如果光线太暗必须使用,可以适当增加曝光量进行补偿以避免反光影响闪光曝光的准确性。

(7) 选取适当的储存卡

数码相机的"胶卷"就是储存卡,按卡的容量大小可分为:4 吉字节、8 吉字节、16 吉字节、32 吉字节等等。选取储存卡当然是越大越好,可是伴随而来的就是卡的容量越大,价格就越高,一般而言,购买数码相机同时会有一张卡送,我们可以以这张卡为主,另外再购置一张即可。

(8) 自拍的技巧

大部分的数字相机也和传统相机一般,具备了自拍(Self-timer)的装置。

甚至，有些机种还可以遥控拍摄呢。

自拍的功能可以用于多种场合：

① 团体照

帮一群人照相时，为了避免某些人不预期地乱动，最好可以用倒数的方式告知拍摄的时机。当您开始喊"3，2，1"的同时，就使用 3 秒自拍的方式按下快门，喊完了，相机也自动激活了快门，很有大师的风范。

② 与朋友合照或自拍

当您需要和朋友合照或是自拍时，3 秒真的太短了，除非您有飞毛腿，否则，还是将自拍的时间设定在 10 秒，然后心里默数一下时间，顺便培养一下情绪，然后……就大功告成了。

③ 夜景拍摄

拍摄夜景时，需要长时间的曝光，又很怕按快门时相机会轻微地晃动，以至于影响了成像的品质。由于许多数字相机都没有快门线的设计，因此，您可以利用"脚架＋自拍"的方式，来完成您的大作。事实上，所有的"自拍"应用最好都可以配合相机脚架。

（9）注意事项

相机的握持姿势要正确，因为数码相机从按下快门到实际完成需要两三秒的时间，比传统相机时间要长，需注意以灵活、不晃动为前提。

按快门应考虑快门的延迟时间，并且掌握好快门的释放时机，这样才能捕捉到生动的画面。

保证充足的存储空间，应购买大容量的存储卡，并备足电池。杜绝滥用闪光灯和长时间对焦，少用液晶屏，多用观景窗。

家用数码摄像机的使用方法

家用电器中的电视机属于被动参与产品，即你只能看别人提供给你的图像而摄像机可以说是主动型家电，拍摄的效果好坏完全靠你自己，所以熟练使用摄像机，掌握好拍摄的基本知识是十分必要的。

（1）开始拍摄第一个镜头时应用广角方式，这样画面影像较稳定，且不会因变焦出现模糊的现象。更容易让别人了解画面中的整体环境。接下来再拍摄主体，这样会更容易突出主体。

（2）在有需要时才变焦，太滥于使用变焦镜头会令观众难于了解画面，具备恰当理由才使用变焦，并习惯在变焦前后先定镜5秒。

（3）保持摄像机处于水平，这样拍摄出来的影像不会歪斜，尽量让画面在观影器内保持平衡。

（4）切勿过分移动摄像机。许多初用者都习惯将摄像机过分移动，这样会使图像产生震动，重播时会令观众头昏眼花。其实，一个定镜（固定在某一位置之镜头）是拍摄优秀录像的基础。谨记，切勿在没有需要的情况下移动镜头。

（5）拍摄另一镜头前，请先数5秒，为方便观众了解画面，转拍另一场面前请固定镜头停留5秒时间。但请谨记，若拍摄同一主体太长，录像亦会流于呆滞和沉闷。所以，勿拍太长或太短时间，5～10秒是拍摄每个镜头的理想长度。

数码相机选择

随着数码技术的飞速发展，数码相机作为大众消费类电子产品已开始进入普通百姓家庭。数码相机记录的影像不需要进行复杂的暗房工作，就可以非常方便地由相机本身的液晶显示屏或由电视机或个人电脑再现被摄影像，也可以通过打印机完成拷贝输出。目前，数码相机已有近百个品种。面对众多款式各异、功能繁多、档次价位不一的数码相机，消费者该如何去合理选择呢？

（1）从成像质量上选择

数码相机的成像质量，除镜头质量的因素外，很大程度上取决于成像芯片的像素水平。芯片上的电荷耦合极点被称为像素点，像素点数目越多，像素水平就越高，图像的分辨率也就越高，被摄画面表现也就越细腻、清晰、层次分明；反之，画面就越显得粗糙。像素水平和分辨率越高，相机的档次与价位也就越高，成像质量也就越好。在选购数码相机时，在财力允许的情况下，分辨率越高当然越好；但也不要一味追求高分辨率，而应根据使用用途量力而行。一般来说，你拍摄是用于在电脑屏幕上显示，或应用在网页设计上，那么选择如640×480等分辨率的经济实用型相机就可以了；如果你想输出影像，要求照片相对清晰、逼真，则应选择中档以上分辨率的相机(如1 024×768)机型;如果你是专业摄影师或编辑记者,对图片质量要求较高,则应选择高分辨率的(如1 620×1 200型)相机。

(2) 存储媒体(可拍张数)的选择

数码相机存储容量的大小决定你所能拍摄的张数,在经济条件允许的前提下,存储量越大越好。目前,多数相机可配套使用移动式存储卡,机身有Pcmcia插槽,它给容量的扩充带来方便,能像底片一样,拍完后换上另一个存储卡继续拍摄,大大增加可拍张数。

(3) 自动变焦功能

近年来越来越多的数码相机采用了CCD、TTL自动聚焦方式,进一步提高了聚焦精度,使画面质量有了较大的提高;在曝光模式上,快门先决式自动曝光、光圈先决式自动曝光、手动曝光模式均有,消费者可根据习惯爱好及自身摄影技艺而选择。CCD类型数码相机又可分为CCD面型和扫描线性CCD两类。

CCD面型数码相机具有拍摄速度快的优点,对拍摄活动景物和闪光灯使用无特殊要求;线性CCD型相机分辨率极高,但曝光时间较长,无法拍摄活动景物,也不能进行闪光摄影,因此,扫描线性相机只能用于静物拍摄,选购时要根据使用用途而定。

(4) 镜头的品质

目前大多数数码相机都采用了内置变焦镜头,并在镜头中使用了非球面镜片,光圈的挡位数也由2～3挡提高到6挡左右;镜头的口径也明显加大,变焦镜头已有多种产品,使拍摄的灵活性和成像质量有了较大提高;有的相机还具有电子变焦功能,可提高超远拍摄能力,对野外科考人员特别适用。

(5) 液晶显示功能

具备液晶显示功能的数码相机可以让人方便地浏览、编辑照片,还能使你在拍摄前预览并先行检视拍摄对象,删除不想要的部分,以便在下载到PC前充分利用相机的有限存储量。目前,显示器的显示方式有放大显现、幻灯显现、连续播放、多幅同时显现等方式;显示屏窗口越大,应该说越好。

(6) 特殊功能

目前,有些数码相机产品已有声音记录功能,微距拍摄功能、影像处理功能、高速连拍功能等辅助功能,给消费者提供了更为广泛的选择空间。

家用空调器的分类

(1) 根据制冷制热效果分类

单冷式:将室内热湿空气吸入,经蒸发器将其中的水蒸气冷凝,然后将干燥、凉爽的空气送入室内,起到降温、降湿的作用。

冷热式:既能降温、降湿,又可制热、取暖。

(2) 根据制热方式分类

热泵式:依靠专门装置,使空调器的制冷循环换向实现一机两用,夏季制冷,冬季制热。热泵式空调取暖时,室外空气温度在5℃以上才能正常工作。

电热式:在单冷型空调器上增设一组电热丝的加热装置达到制热的目的。

热泵辅助电加热式:将上述两种形式结合起来的空调器。

(3) 按系统各部分组合状态分类

分体式:它由室内机箱和室外机箱组成,室外机箱组合了制冷系统中的压缩机、冷凝器和轴流风机等。目前,分体式空调器又开发了"一拖二""一拖三"等机型,即一个室外机带动两个室内机或三个室内机,方便了多居室的家庭使用。

整体式:包括窗机和柜机两种机型。窗式:是空调制冷、通风、控制系统的组合体。

移动式:它与窗式空调器的区别是采用水冷方式,冷凝水通过软管排出,可以在室内随意移动,不用安装。

(4) 根据使用场所和制冷量分类

家用空调器:名义制冷量在1 250～9 000 瓦,在家庭内使用的空调器。

商用空调器:功率较大,多在公共场合使用的空调器。

另外还有家庭中央空调和变频空调。

家用中央空调器

家用中央空调概念起源于美国,是商用空调的一个重要组成部分。家用中央空调将全部居室空间的空气调节和生活品质改善作为整体来实现,克服了分体式壁挂和柜式空调对分割室的局部处理和不均匀的空气气流等不足之处,是整体装修的不可缺少的功能部分之一。通过巧妙的设计和安装可实现美观典雅和舒适卫生的和谐统一,是国际和国内的发展潮流。目前,家用中央空调与单独供暖和精装修是高档物业的三大发展方向。

家用中央空调由一台主机通过风道送风或冷热水源带动多个末端的方式来控制不同的房间以达到室内空气调节目的的空调。采用风管送风方式,用一台主机即可控制多个不同房间,并且可引入新风,有效改善室内空气品质,预防空调病的发生。另可采用水系统,此种中央空调的调节方式是利用室外主机将冷却水通过水管送到不同区域连接的不同形式的末端,以调节室内温度。室内机可选择卧式暗装、明装吸顶、天花式、壁挂式等。各种风机盘管可独立控制。

家用中央空调的特点是:

(1) 整个家庭都满足舒适性条件,避免了其他分体机造成的直吹过冷和房内冷热不均的人体不适现象。

(2) 装饰性好,配合装修无任何外露管线,整个系统处于隐蔽状态。

(3) 操作简单,自动运行,无须维护。

(4) 可根据各个房间的朝向、功能等增加和减少送冷(热)量。

(5) 可加新风、加湿,使室内空气保持新鲜和卫生。

家用中央空调的局限是:

(1) 布置上:设计和安装要与装修结合才能达到良好的舒适性和装饰效果。

(2) 电源要求:电负荷较大,老式住房要考虑电路负荷是否足够。

从审美观点和最佳空间利用上考虑,使用中央空调使室内装饰更灵活,更容易实现最佳装饰效果。即使您不再喜欢原来的装饰重新装修,原来的中央空调系统稍微改变即可与新的装修和谐一致。因此称中央空调为"一步到位、永不落后的选择"。

家用中央空调的室内机暗藏式设计与装修浑然一体、和谐统一,适宜的温度、湿度、风速使人倍感舒适。一般空调器由于空气过于干燥,引起皮肤干皱,鼻孔失去有效的过滤和湿润空气的作用,引发常见的"空调病"。水循环家用中央空调使室内湿度自由控制在40%～70%,更好地保护肌肤及呵护呼吸系统,且系统静音运行、冷暖可调、送风角度好、风量大、温度分布均匀、舒适怡人。实用性与美观性的完美结合,顺应现代发展趋势。

每台室内机均可通过独立的温度控制器,随意调节温度及风量,开停室内机,且互不干涉,家庭成员可以各自享受清新舒适的个人空间。考虑到家庭各空间同时使用空调的机会不多,装机容量可以相对缩小;一般的四口之家,面积为200平方米以下的房子,选择一台3匹或4匹主机已足够使用;系统可根据实际负荷自动调节能量,节约能源及运行费用;与一般空调不同的是,因采用水作为能量传输媒介,所以室温不用要求太低的温度已倍感舒适,这时28～29℃的舒适度已超过一般空调23～25℃的感觉,所以主机只需通过短时间的工作便可达到理想的舒适效果,从而节省了大量的能源;不管是一个房间单独使用还是多个房间同时使用,只要管道水温达到设定值时,主机就会自动停止工作;在主机停止工作的状态下,只要房间温度还未达到设定值,系统还可继续供冷,此时系统能耗只有室内机的几十瓦和主机极少的耗电量,真正达到了省电的目的。比普通空调省电30%。

家用中央空调用水作为能量传媒,不易漏氟,保护了大气层;室内排水系统自动收集引流冷凝水,统一排往卫生间,室外不滴水,保护了小区环境,全面提升小区物业管理档次。

数字变频式空调的特点

频率变换器(变频器)就是可改变电源频率的装置。交流电源的正弦波每秒发生的周期数称为频率。我们家中的电源频率都为50赫兹。这个频率为50赫兹的电源通过变频器可将频率转换、控制在约25赫兹到120赫兹的范围内。而变频式空调机装备了具有高技术水准的可独自变换频率的变频器的新型空调机,使压缩机的转速可快也可慢,从而控制空调机制冷、制暖能力的大小。压缩机是空调机的心脏。通过压缩机的运转,使被称为"空调机血液"的冷媒(氟利昂)进行循环。在一定时间内冷媒的循环量越大,空调机的输出功率就越高。也就是说,压缩机的转速决定了空调机的输出功率。一般空调机由于电源频率50赫兹是固定的,所以压缩机的转速是固定的,也就是冷媒的循环是恒量的。变频式空调机则由于频率控制在约25～120赫兹,从而使压缩机的转速可以变化。频率与功率成正比。空调机是利用冷媒在汽化或液化时产生的热量来进行制冷、制暖的。当液体变成气体时,需要吸收周围的热量;反之,气体变成液体时则放出热量。利用这个原理,空调机可使室内的空气变冷或变热。

变频式空调的特点

第一,变频空调不能长期工作在最大制冷量状态。最大制冷量是指该空调器在规定面积的房间里短时间内可以达到的最大制冷量。用户在选购时不能以最大制冷量为标准,而应根据房间面积确定所选变频空调器的匹数,尽量避免超面积使用,这样不但可避免空调器因超负荷运转而损坏,而且可以充分发挥其高效、节能的优点。

第二,变频空调的室外机应安装于干燥、通风处,避免日光暴晒与雨淋。变频空调的室外机中设有微电脑控制的变频器,其电路板在高温及潮湿的环境中较易损坏。如果开机后出现室外机自动停机现象,应及早关机,并通知维修单位尽快修理,以免故障扩大造成更大损失。

第三,日常使用时,不要将温度设置得过低,以避免空调器长期处于高速运行状态而影响使用寿命。最好设置在自动方式挡,这样既能快速制冷,又能节电。

第四,制冷、制暖强劲迅速,启动时,以最高的功率进行运转。迅速制冷、制暖。使室内温度一下子达到设定温度。所以无论是寒冷的清晨,还是炎热的白天都可迅速地享受舒适的室温。

第五,高效节能,变频式空调机根据需要的多少来决定功率,所以效率高。另外,由于压缩机几乎没有反复地启动/停止,故不消耗多余的电力。所以电费大约只是一般空调机的2/3,可称之为节能模范。

第六,舒适恒定的室温控制,变频式空调机因可控制压缩机的转速,自如地改变功率的高低,以保持舒适的温度。一般空调机是通过压缩机的反复的启动和停止来维持设定温度的。所以室温会产生波动,发生过冷或过热的现象。

空调器的型号

空调器的命名有一套国家统一的标准,产品型号及含义如下:

1——产品代号(家用房间空调器用字母 K 表示)。

2——气候类型(一般为 T1 型,T1 型气候环境最高温度为 43℃,T1 型代号省略)。

3——结构形式代号(空调器按结构形式分为整体式和分体式,整体式空调器又分为窗式和移动式,代号分别为:分体式—F、窗式—C、移动式—Y)。

4——功能代号(空调器按功能主要分为单冷型、热泵型及电热型,单冷型代号省略,热泵型、电热型代号分别为 R、D)。

5——规格代号(额定制冷量,用阿拉伯数字表示,空调器制冷量在10 000 瓦以下的,其单位为 100 瓦;制冷量大于或等于 10 000 瓦时,其单位为1 000 瓦)。

6——整体式结构分类代码或分体式室内机组结构分类代号(室内机组结构分类为吊顶式、挂壁式、落地式、天井式、嵌入式等,其代号分别为 D、G、L、T、Q 等)。

7——室外机组结构代号(室外机组代号为 W)。

8——工厂设计序号和特殊功能代号等,允许用汉语拼音大写字母或阿拉伯数字表示。

下面以格力空调几个型号作简单说明:

KCD—46(4620)其中 K 表示房间空调器,C 表示窗机,D 表示电热型,46 表示制冷量是 4 600 瓦。

KFR—25GW/E(2551)其中 K 表示房间空调器,F 表示分体式,R 表示热泵型,25 表示制冷量是 2 500 瓦,G 表示挂壁式,W 表示室外机代号,E 表示冷静王系列产品。

KFR—50LW/E(5 052LA)其中 K 表示房间空调器,F 表示分体式,R 表示热泵型,50 表示制冷量是 5 000 瓦,L 表示落地式,W 表示室外机代号,LA 表示灯箱面板。

空调器使用注意事项

随着气温升高,被闲置了一个冬春的空调又开始启用了,如何科学、健康使用空调,是大家共同关心的问题。提出如下建议:

(1) 使用前一定要先清洗空调过滤网的积尘。

(2) 用消毒液将过滤网浸泡消毒。

(3) 有条件的最好在使用前用吸尘器进行室内风机除尘。

(4) 每天开机的同时先开窗通风 15 分钟,第一次使用的时候应该多通风一些时间,让空调里面积存的细菌、霉菌和螨虫尽量散发。

(5) 经常对空调过滤网进行消毒。

(6) 室内开空调的时间不要太长,最好经常开窗换气,以降低室内有毒气体的浓度,定期注入新鲜空气。

(7) 细心调节室温,制冷时定高 1℃,制热时定低 2℃,均可省电 10% 以上,而几乎感觉不到温度的差别。

(8) 严禁在房间吸烟。

(9) 注意空调在运转时,千万不要对着它喷洒杀虫剂或挥发性液体,以免漏电酿成事故。

(10) 3 分钟保护,运转停止后,机组要等待 3 分钟后才能再次开始运转以保护。

(11) 风量切换,制冷方式下,风量切换被设至自动时,随着室温接近设定温度,送风速度将自动降低。在除湿方式下,送风速度将由微电脑自动控制;单纯送风方式,当室温超过设定温度时,送风将开始。如果室温低于设定温度,送风将停止。

(12) 尽可能使用厚质、透光的窗帘以减少房间内外热量交换,利于省电。

(13) 勿挡住室外机的出风口。否则也会降低暖气效果,浪费电力。

(14) 选择适宜出风角度。冷气流比空气重,易下沉,暖流则相反,所以制冷时出风口向上,制热时则向下,调温效率大大提高。

(15) 控制好开机和使用中的状态设定。开机时,设置高冷高热以最快速度达到控温目的。温度适宜时,改中低风,减少能耗,降低噪音。

购买空调的基本原则

(1) 看准品牌

现在市场上的空调品牌较多,有国内的,有国外的,大都有自己独特的广告宣传,让消费者难以抉择。建议在选购空调时,要选那些企业实力强,品牌知名度高,售后服务完善的产品。这是基于两种考虑,首先是可保证售后服务的落实,因为空调是一种大型家用电器,售后服务十分重要。按国家有关规定,压缩机应保修 3 年,而家电市场的竞争几近白热化,一些生产厂家往往存活期较短,有的三五年就倒下了。企业倒了,其承诺自然也就难以落实。如果一味贪便宜,购买企业实力较弱、品牌知名度不高的产品,则后患无穷。其次从质量上考虑,因为企业实力强、品牌知名度高的空调相对而言质量比较稳定。这样的企业不仅技术力量雄厚,而且本身也特别重视质量,买这样的产品质量是有保障的。

(2) 挑好商家

消费者在选定空调品牌之后,还要决定在哪里购买。在买空调时,选择商家尤为重要。因为严格说空调是一种半成品,不是从商店里买回来就能使用,而是要经过专业队伍安装、调试之后方可使用。如果安装、调试不好,会带来一系列毛病,譬如,空气排不净、管道连接处泄漏、调试中人为造成故障。这些不仅会影响使用效果,更会平添许多烦恼。与此同时,厂家的许多售后服务措施也需要商家去执行、落实。因此选好商家至关重要。在对商家的选择中,业内人士建议,首先要选择那些实力雄厚、在当地有影响的大商家,因为这些商家经营品种多、销售多,一般都有专业安装、调试队伍,其安装、调试质量有保障,售后服务也较完善。其次是选择那些长期经销空调的商家,尽量不要到短期经销商那里去买,因为这样的经销商售后服务将会大打折扣。

(3) 量房购买

空调是一种消费大的家用电器,如果选择的功率太小,起不了作用;如果功率太大,又浪费。所以消费者在选择空调功率时要量房购买。一是不要贪大,有的消费者喜欢购买大空调,这是不可取的,因为除了一些特殊因素外,家用空调都有它的使用范围。消费者在选购时要根据自己居室的面积来选择空调的型号,一般可按下面的公式计算房间所需的制冷量、制热量。制冷量房间面积乘以140~180瓦;制热量房间面积乘以180~240瓦。此外还应根据房间的朝向、楼层高低及密封程度做适当增减。二是要根据房间的设计情况灵活购买。不要像有的家庭那样,买一台大空调放在客厅,以保全室,这样不仅难保全室,还会造成浪费。合理的做法是,应根据房型买些小功率空调,各管各房。这样,表面看来,首期投入多,但长期看来,还是合算的。譬如一套110平方米的三室二厅,可买一台柜式2匹空调放在客厅,既可保客厅又可保餐厅,卧室可分装1匹的小空调。这样要比只买一台3匹的大空调放在客厅要合理一些。

(4) 巧选时机

买空调与其他大部分家电商品不同,它有一个随着气温变动而上下浮动的价位。据了解,从上一年的10月份到下一年的3月底,是淡季;而从4月到9月则是旺季,旺季和淡季的价差在7‰~10‰左右,一台空调可便宜几百乃至上千元。在旺季里,其中的6、7、8三个月又是旺中之旺,一般而言,一些厂家还会根据当时的销售态势再相应调整价格。所以,在买空调时,如果善抓时机,则可节约不少开支。

空调常用专业术语介绍

(1) 匹(P)的含义:"P"是功率的简称,国际用"瓦"是指制冷量1P约为2 500瓦。例如:1.5P是指制冷量为$1.5 \times 2\,500$瓦$=3500$瓦;2P是指制冷量为$2 \times 2\,500$瓦$=5\,000$瓦。

(2) 能效比:(EER)在额定工况和条件下,空调器进行制冷运行时,制冷量与有效输入功率之比。EER=制冷量/输入功率,此值能检验空调的性能,值越大,系统匹配越好,空调性能优越,制冷、制热效果越好,耗电量越小。

(3) 除湿量:指单位时间内从密闭空间、房间或区域的空气中除去的水分,叫除湿量。单位:升/小时(L/H)。

(4) 额定电压:指空调器制造厂在空调器产品出厂时,对该产品允许的电源电压值,或电源电压允许变动范围所作出规定。

(5) 噪声类型:空气动力噪声、机械振动噪声、电磁性噪声来源为风机和压缩机;噪声范围:室内在50分贝左右,室外在60分贝左右。

(6) 额定功率:正常工作状况工作时,所消耗的电功率是空调器的允许总功率。

匹是制冷量大小的单位。使用空调匹数的大小决定因素有多个,一般是面积大小、房屋高低、密封情况、是否顶楼或西晒情况等等。

(7) 空调器上一般有三个开关:操作开关、冷热开关和温度调节度盘。操作开关:OFF 停、MED-FAN 中等风量、HI-FAN 强风。冷热开关:COOL 冷挡、LOD-COOLL 低冷、MED-COOL 中冷、HI-COOL 强冷、HEAT 热挡、按上述类推分别是低热、中热和高热。温度调节器:COOLER 较冷、WARMER 较热。

(8) 制冷(热)量:空调器在进行制冷(热)运转,单位时间内从密闭空间除去的热量。法定计量单位 W(瓦)。

炎热的夏日,房间需要降温可先将操作开关打开,使空调风机启动工作,再将冷热开关置于冷(COOL)位,然后将操作开关置于用户所需的低冷、中冷或强冷位置。最后,根据房间的温度要求,适当调节温度调节度盘,使房间内温度适宜。在寒冷的冬天,房间需要升温时,冷热开关应置于热(HEAT)挡,与上述调节相同,分别可得到低热、中热和高热。如果只需通风,不需改变房间的温度时,可以将操作开关置于中风(MED-FAN)或强风(HI-FAN)挡,分别可得到中等风量或强风。

家用电冰箱的分类

电冰箱按原理分类可分为如下九种:

(1) 压缩式电冰箱:该种电冰箱由电动机提供机械能,通过压缩机对制冷系统做功。制冷系统利用低沸点的制冷剂,蒸发时,吸收汽化热的原理制成的。其优点是寿命长,使用方便,目前世界上91%~95%的电冰箱属于这一类。

(2) 吸收式电冰箱:该种电冰箱可以利用热源(如煤气、煤油、电等)作为动力。利用氨-水-氢混合溶液在连续吸收-扩散过程中达到制冷的目的。其缺点是效率低,降温慢,现已逐渐被淘汰。

(3) 半导体电冰箱:它是利用对 PN 型半导体,通以直流电,在结点上产生珀尔帖效应的原理来实现制冷的电冰箱。

（4）化学冰箱：它是利用某些化学物质溶解于水时强烈吸热而获得制冷效果的冰箱。

（5）电磁振动式冰箱：它是用电磁振动机做本动力来驱动压缩机的冰箱。其原理、结构与压缩式电冰箱基本相同。

（6）太阳能电冰箱：它是利用太阳能作为制冷能源的电冰箱。

（7）绝热去磁制冷电冰箱。

（8）辐射制冷电冰箱。

（9）固体制冷电冰箱。

另外还有直冷式电冰箱和间冷式电冰箱。

（1）直冷式电冰箱，是利用冰箱内空气自然对流的方式来冷却食品的。因为蒸发器常常安装在冰箱上部，蒸发器周围的空气要与蒸发器产生热交换。冰箱内下部的空气要与被冷却食品产生热交换，食品把热量传递给空气，空气得到热量后，温度回升，密度减少，又上升到蒸发器周围，把热量传递给蒸发器。冷热空气就这样循环往复地自然对流从而达到制冷目的。

（2）间冷式电冰箱的蒸发器常用翅片管式，放置在冷冻室与冷藏室之间的夹层中或箱内后上部。利用一只小型风扇强迫箱内空气对流，以达到冷却的目的。

绿色无氟电冰箱

无氟"双绿色"冰箱是指冰箱的制冷剂和箱体保温发泡材料不再使用氟氯烃物质（简称氟利昂），分别改用替代物，不再污染环境。按国际惯例，这种电冰箱可以称之为"双绿色"，即减少氟利昂含100％，这是一种完全符合国际环保要求的新型电冰箱。

普通电冰箱的制冷系统常用 R—12（氟利昂）作为制冷剂。当它泄漏到空气中以后，受到阳光中的紫外线的照射，极易发生化学反应，破坏臭氧层，导致臭氧数量减少，甚至造成臭氧层消失而形成空洞，对人类的健康及生物的正常生长与繁衍造成威胁。为了保护人类赖以生存的大气环境，很多厂家陆续推出了"无氟"冰箱。这种冰箱大多改用 R-134a 作为制冷剂，其主要零部件，如压缩机、密封材料以及润滑油等均与普通冰箱不同。因此消费者在使用"无氟"冰箱时应对以下三个问题予以注意：

（1）无氟电冰箱的压缩机与普通冰箱的压缩机结构不同，工作状态也存在较大的差异。无氟冰箱运转时压缩机的低压吸气管呈负压状态，而高压排气管的压力较普通压缩机要大，因此压缩机的温度也相对较高，使用时要注意加强冰箱的散热，特别是压缩机周围的散热空间要大，以提高冰箱的制冷效果和延长冰箱使用寿命。

（2）无氟冰箱一般采用 R-134a 作为制冷剂，系统内的润滑油、密封材料等与普通冰箱使用的材料截然不同，并且生产工艺要求也很高。因此，在购买无氟冰箱时一定要选购技术力量强的名牌大厂产品，以确保冰箱的内在质量。

（3）无氟冰箱在维修时对工艺有很严格的要求，并且系统的抽空、加液等设备以及验漏所用的工具不可与维修普通冰箱的设备互相混用。另外，维修所用的材料如压缩机、过滤器、冷冻润滑油等与普通冰箱的材料也完全不一样。有鉴于此，消费者在修理有故障的无氟冰箱时，一定到特约修理部门去修理，避免由于工艺问题或者使用工具不当对冰箱造成损害。

数字变频电冰箱

目前"变频化"已成为全球家电业的发展趋势，欧美等发达国家均已普及变频冰箱，日本中高档冰箱中 95% 以上采用了变频技术，而这种趋势也席卷中国冰箱业。事实证明，变频冰箱的优势在于它能够实现"耗电变少，噪音变小，保鲜变好"等技术突破；变频冰箱是在变频技术的基础上，充分体现了制造商崇尚科技、提倡节能、环保的意识。

（1）功能特点

对于消费理念日趋理性的消费者来说，他们更希望的是个性化需求得到满足、提高他们生活品位的高科技产品。使用节能、无氟环保、低噪音及保鲜更好的变频节能冰箱无疑是最好的印证。质量和保鲜是消费者购买电冰箱时最应考虑的因素，其次是声音、外观、耗电、价格。变频冰箱采用的是变频压缩机，实现超级节能、静音、保鲜。因为变频压缩机可以实现无级变速，根据冰箱的实际需要自动调节转速。当箱内食品多、温差大、环温高时，压缩机高速运转，在短时间内达到要求的温度，从而实现超级保鲜。反之，压缩机低速运转,实现超节能。转速的平滑过渡,也有效地降低了启停噪音。

（2）如何选购

低能耗冰箱型号各异,容积也各不相同,消费者在比较时常常无从着手。您可用以下的公式进行计算比较:冰箱每百升耗电量＝日耗电量/冰箱净容积×100。所得数值越小,越省电；有些厂家参照的欧共体能耗标准,给产品划定能耗级别并在冰箱的门板上贴有相应的节能标签,其中A级是最节能的产品。

一般变频冰箱具有下面特点:

智能变频4大温区:冷藏室、冰温冷鲜室、软冷冻室、冷冻室。精确控温,选择食物最适宜的储存温度保鲜食物。

纳米酶除菌养鲜3合1技术:调气、调湿、除菌,调节冰箱果菜盒内湿度和气体,去除致腐菌与致病菌。

快速冷冻"一键通":启动冰箱快速冷冻功能,制冷速度更快,冷冻能力大大提高。

快速冷藏"一键通":冷藏室、冷冻室温度根据储存食物及使用状态1～9℃／－14～－18℃可调。部分产品的冷藏室特设风扇、风道循环系统,保鲜更持久。

电冰箱使用技巧

（1）检查电冰箱安放位置是否符合要求,将散热口离墙面5～10厘米。

（2）对照装箱单,清点附件是否齐全。详细阅读产品使用说明书,按照说明书的要求进行全面检查。

（3）检查电源电压是否符合要求。电冰箱使用的电源应为220伏、50赫兹单相交流电源,正常工作时,电压波动允许在187～242伏,如果波动很大或忽高忽低,将影响压缩机正常工作,甚至会烧毁压缩机。电压过高,会因电流太大烧坏电动机线圈；电压过低,会使压缩机启动困难,造成频繁启动,也会烧坏电动机。

（4）电冰箱应用专用三孔插座,单独接线。没有接地装置的用户应加装接地线。设置接地线时,不能用自来水和煤气管道做接地线,更不能接到电话线和避雷针上。

（5）检查无误后，电冰箱静置半小时，接通电源，仔细听压缩机在启动和运转时的声音是否正常，是否有管路相互撞击的声音，如果噪音较大，应检查电冰箱是否摆放平稳，各个管路是否接触，并做好相应的调整。有较大异常声音，应立即切断电源，与服务中心联系。

（6）电冰箱在存放食物前，先空载运行一段时间，等箱内温度降低后，再放入食物，存放的食物不能过多，尽量避免电冰箱长时间满负荷运行。

（7）长时间不用的胶卷可放入冰箱中，即使到了原定的失效期，它仍可使用。暂时不用的药品、干电池也可存入冰箱，药品可以长时间不减效，干电池可延长寿命。

（8）使用冰箱要尽量减少和缩短开门时间与次数，特别是夏季，如果打开次数过多或过长，会使食物忽冷忽热，影响贮藏质量。在炎热的夏季，冰箱最怕停电，时间一长，冷冻室里的食品会解冻变质。用小容量的塑料袋装上清水冻成冰块，一直放在冷冻室，可预防停电时冰箱内温度升高导致的食物腐坏变质。

（9）节电小窍门：早上，用两只搪瓷小盆或几个铝饭盒盛满水放入冰箱冻成冰块，晚上睡觉时将冰盒移至冷藏室的上层，并切断电源，第二天早上，冰大部分化成了水，再放入冷冻室，接上电源，每天循环操作一次。冰盒的热阻比冰箱保温层的热阻大 3～4 倍，所以获得的冷量不易散失，可以起到蓄冷作用。经测量，断电 10 小时后，冷藏室的温度只比通电情况下高 2℃，不会影响食品的保鲜。这样能节省电力 40％左右，并能减少启动冰箱的次数，消除晚上冰箱工作的噪声，为您带来舒适的夜晚。

全自动洗衣机的特点

全自动洗衣机从结构上分有波轮式、搅拌式、滚筒式。目前，国内市场上销售的大都是波轮式和滚筒式。全自动洗衣机是集洗涤、脱水于一体，并且能自动完成洗衣全过程的洗衣机。全自动洗衣机有各种洗涤程序，可供自由选择，工作时间可任意调节（洗涤 0～16 分钟，脱水 0～5 分钟）工作状态及洗脱时间在面板都有显示，能自动处理脱水不平衡（具有各种故障和高低电压自动保护功能），工作结束或电源故障会自动断电，无须看管，确保安全。它还具有浸泡、手洗水流功能。目前,有的全自动洗衣机上还采用了模糊技术,即洗衣机能对传感器提供的信息进行逻辑推理,自动判别衣服质地、重量、脏污程度,从而自动选择最佳的洗涤时间、进水量、漂洗次数、脱水时间,并显示洗涤剂的用量,达到了整个洗涤时间自动化,使用方便,节能节水。

波轮式全自动洗衣机的特点是洗净率高,但对衣服的磨损大,随着人们生活水平不断地提高,丝绸、毛料、羊毛等大量走进普通家庭,厂商又适时地推出了滚筒洗衣机,它最大的优点是磨损率小,但洗净率比波轮式低,价格约是波轮式全自动洗衣机的一倍。

选用全自动洗衣机,可通过以下几种方法来进行。看:机箱和面板的防护装饰层是否光洁,有无流痕、起层、明显皱纹、划伤等缺陷。听:程控器的走时是否平衡、匀称,洗涤和脱水是否有较大的震动和强噪声。试:各种按键、按钮、拨动开关是否灵活可靠,按动波轮应轻快自如、均匀、无杂音;试运转时,打开桶盖,应能及时切断电源并立即制动;机体震动和噪音均以越小越好。条件允许的情况下,桶内盛水后,应无渗水、漏水迹象。摸:套桶内表面、波轮及其他塑料件的外表面均应光滑、无毛刺。试运转时,用手摸外壳,应无"麻电"感。

洗涤新技术的应用

虽然有洗衣机,家中一半以上的衣服仍然必须手洗。面对家里越来越多的羊绒、真丝等高档衣物,用洗衣机洗涤又难以避免因缠绕而产生的褶皱和磨损,让人陷入苦恼。

(1) 洗衣机市场新需求

随着人们生活质量的不断提高,羊绒、真丝等质料娇贵的高档衣物逐渐成为普通消费者日常穿着,但这些高档衣物如何洗涤却成了让许多人头痛的事。

洗衣机虽然很大程度上减轻了人们的劳动量,但波轮洗衣机缠绕性强、磨损率大,容易造成衣物损伤,不适合洗涤质料娇贵的高档衣物。因此,当洗净比、节能、节水、噪声、含水率、寿命等洗衣机基本标准确定之后,洗衣机洗涤衣物过程中的"易缠绕、易起皱、磨损大"等问题,逐渐成为消费者选购洗衣机产品主要的参考因素。

一旦衣物在洗涤过程中产生缠绕现象,不仅可以造成衣物褶皱,还会产生洗涤的"死角",使得衣物无法均匀洗涤,很难洗得干净;此外,缠绕还会导致衣物的严重磨损,衣物缠绕越多磨损就越严重。而所谓的零缠绕,就是指洗涤结束之后,如果能够将衣服一件一件拿出,那么该洗衣机的防缠绕率就是100%,也就是零缠绕。

(2) 防缠绕技术产品化

针对消费者在洗衣方面出现的新需求,许多洗衣机厂商将防止洗衣机洗涤过程中出现的缠绕现象作为研发重点。

缠绕性强、磨损率高的波轮洗衣机成了洗衣机企业重点改造对象。小天鹅推出的数字水魔方洗衣机号称实现了"零缠绕零磨损",它采用独特的水魔方循环水流,带动衣物升降沉浮,同时又能从四面打散衣物,有效解决了衣物缠绕问题,减少了衣物与波轮的相互作用,从而降低了衣物磨损程度;海尔双动力系列创新性地采用一个电机转化为两个动力输出,实现双向转动形成沸腾水流,并且吸收了波轮、搅拌和滚筒洗衣机各自的优点,实现了省水省时各一半,洗净比提高50%,磨损率降低60%。

滚筒洗衣机除了巩固自身缠绕性小、磨损率低,适合高档衣料洗涤的传统优势之外,还将注意力放到了如何解决衣物褶皱方面。西门子液晶电脑洗衣机的单脱水、单排水功能,解决了洗涤完毕衣物因为不能及时晾晒而褶皱的问题,在洗涤易皱易损衣物时,该洗衣机的防皱免熨功能会在衣物甩干之后自动抖散均匀,减少皱痕;海尔电脑玫瑰钻滚筒洗衣机只需启动防皱浸泡功能,洗涤程序的最后一次漂洗将不会排水,使衣物浸泡在水中,等脱水时只需一按就可以告别褶皱;伊莱克斯滚筒洗衣机新款伊彩系列的免排水防皱功能也是在洗涤结束时不排水,以避免衣物褶皱。

作为国内市场主流的洗衣机产品,目前市场上波轮洗衣机有50%左右难以达到零缠绕,滚筒洗衣机接近零缠绕,只有搅拌式洗衣机能够达到零缠绕。由于缠绕率并没有被列入2004年3月1日起实施的新《家用电动洗衣机国家标准》,针对目前市场上各个企业标注的缠绕率大多是企业自己的检测数据的现状,所以在选购产品时一定要多了解、多比较,并请销售人员现场演示,确保买到真正防缠绕、低磨损的洗衣机。

（3）未来竞争新焦点

虽然防缠绕问题已经成为众多消费者关注的新焦点，各个企业也都将防缠绕、减少褶皱的技术普遍应用到自身的产品中，但目前市场上只有海尔、小天鹅等少数企业在宣传时突出了产品防缠绕、低磨损的特点。

据了解，国外生产企业在几年前就通过对洗衣机的转速、方向、水流等方面的特殊控制做到了零缠绕，不仅如此，其洗衣机洗涤过程中出现的褶皱也相对少得多。为了抢占市场的制高点，追赶全球产业步伐，海尔、小天鹅等国内企业已经抢先将零缠绕、零磨损的旗帜高举起来。海尔洗衣机的技术专家也表示，洗衣机的防缠绕技术海尔已经研究多年，积累了丰富的经验并大量应用到了产品当中。洗衣机也将完成自身从简单的技术工具向消费者"生活帮手"角色的转变。

MP3 简介

MP3 的全称是 MPEG Layer3，与 CD 和 MD 相比，MP3 采用最新的声音编码压缩标准，压缩比可以从 1∶4 至 1∶24。采用这种压缩方式制作的 MP3 音碟的最大特点就是存储信息的容量大得惊人，一张 74 毫米的普通光盘可以装载近 200 首歌曲，播放时间长达 600 多分钟，相当于 10 多张 CD 音碟的信息容量。一般的 MP3 音碟上都自带播放软件，多为 WINPLAY 等。

无论是听音乐还是学外语，人们都把目标盯在了 MP3 上，可是，选购一款好的 MP3 还是很需要一些技巧的。

（1）传输速度

对于一款便携式的 MP3 来说，传输速度的快慢是一项至关重要的参数。通常速度与其接口有关。目前主流的 MP3 播放器与电脑的接口为 USB 接口。USB 接口的好处是传输速度快，速度约为 1.5 兆比特每秒至 2.0 兆比特每秒，传输一首 4 兆字节的 MP3 歌曲用时约为 10 多秒。但也不是所有采用 USB 接口的 MP3 播放器的下传速度都是那么快的，各个厂家的产品也有区别，大家在购买 MP3 时一定要注意这一点。

（2）是否内置闪存

目前的主流 MP3 播放机中大部分都已经内置了 512 兆字节的闪存。闪存是一块 IC，其作用是存放 MP3 音乐，如果你嫌它不够的话，还可以通过机上设有的扩充卡接口,再接一个 1 吉字节或更高的闪存卡。但值得注意的是:目前有一些不法的商家把一些已经内置闪存的 MP3 播放器说成没有内置,声称在购买该机后可以以五折的优惠为你配上闪存卡,使得广大消费者造成不必要的损失。鉴别的方法很简单,在没有接驳外置闪存卡的情况下开机,看看是否有提示,若提示"NOMORMORY"则机中没有内置闪存 1 C。

(3) 扩展性能如何

大家在购买便携式的 MP3 时,除了注意它所内置的闪存有多少外,还应注意它是否带有闪存扩展槽,扩展槽的类型是什么?扩展槽最大支持的闪存数是多大?这几点对于用户来说非常重要,因为如果你想加闪存的时候,总不能将它拆开,然后买一块闪存 IC 焊进去吧。同时有扩展槽的机器也应注意扩展卡的类型是否通用。

最后,还有一点也应当注意,即使 MP3 采用了主流的扩充槽,还应注意该扩充接口所支持的最大闪存是多少。

(4) 配备的耳机质量如何

耳机对于音质的影响非常大,往往人们在购买 MP3 时都只会注重内存容量及价钱,却忽略了对音质影响极大的配件——耳机,造成 MP3 音质差的原因,不完全是 MP3 本身的编码机制所造成的。造成音质差的一部分原因是由于一些生产厂家为了节约成本,对很多随机附带的配件都进行了"缩水"处理。现在很多有名的厂商也注意了这一点,会慢慢改观,但消费者在购买的时候还是要自己多留心。

(5) 其他配件是否齐全

根据以往经验,通常在购买一款 MP3 播放器都会有大大小小的配件赠送,但可能回到家后才发觉,耳机被调包了,电池没有配,甚至连随机附送的闪存卡也不见了,所以在购买时一定要当面点清所有配件是否齐全,以免造成不必要的损失。

MP4 播放器

MP4,全称 MPEG-4 Part 14,是一种使用 MPEG-4 的多媒体电脑档案格式,以储存数码音讯及数码视讯为主。另外,MP4 又可理解为 MP4 播放器,是一种集音频、视频、图片浏览、电子书、收音机等于一体的多功能播放器。其实,MP4 播放器是一个能够播放 MPEG-4 文件的设备,它可以叫做 PVP(Personal Video Player,个人视频播放器),可以叫做 PMP(Portable Media Player,便携式媒体播放器),也可以叫做 PIA(Personal Imagine Assistant 个人图像助手)。现在对 MP4 播放器的功能没有具体界定,虽然不少厂商都将它定义为多媒体影音播放器,但它除了听音乐、看电影的基本功能外还支持音乐播放、浏览图片,甚至部分产品还可以上网。

特点

(1) MP4 播放器的最大优势在于体积小巧,携带方便,能够随时、随身播放视频。

(2) MP4 电池一般是采用的锂离子集合物电池,该电池具有体积小,容量高,重量轻等。

(3) 它能够直接播放高品质视频、音频,也可以浏览图片以及作为移动硬盘、数字银行使用;更有产品还具备一些十分新颖、实用的功能,从个人使用的角度来看,MP4 在今后的发展中会加入蓝牙技术、无线电视技术、MP4 电视输出功能,还有摄像头。

目前,MP4 还没有统一的标准,市场上不少厂商都在发布自己的标准,这容易令消费者在选购时感到混乱,而目前市场上的 MP4 品牌也太多太杂了,娱乐功能虽然丰富但是价格也同样不菲,因此在掏钱赶时髦之前,还是要对 MP4 产品先有个了解。消费者在选购时应注意以下几点:

(1) 内部结构要了解

现在市场上出现的 MP4,基本都具有处理器、液晶显示屏、存储设备三大基本原件。这些基本原件直接影响消费者对 MP4 的使用,下面我们分别介绍一下:

首先是数字处理器,目前主流的 MP4 一般都是采用德州仪器和英特尔的数字处理芯片。消费者在选购时,不妨直观地感受播放效果,看整个播放 MPEG4 格式电影是否流畅,为了买到称心如意的 MP4,多花点时间是值得的。

其次看液晶显示器主要考虑两个重点因素,色彩丰富度和液晶屏大小,一般而言,MP4 掌上影院采用的均为彩色液晶屏,大家在购买时一定要问清楚。

主流的 MP4 厂家多采用微硬盘作为存储设备,而闪存式 MP4 虽然抗震性能不错,但是容量限制太大,综合考虑,如果消费者买 MP4 用来看电影则选择硬盘式 MP4;如果听 MTV,就可以选择闪存式 MP4 加外接闪卡。

(2) 功能齐全是关键

MP4 在当今众多数码产品中属于功能齐全的那种,正确的选择可以获得更多实用功能,给生活增加不少乐趣。

数码相机伴侣功能、视频录制功能、电视收看功能、数码摄像机功能。

(3) 需考虑性价比

在选购 MP4 时,还有些值得注意的因素,诸如价格、电池、待机时间。

价格方面,现在主流 MP4 产品这里不做太多阐述。电池需要注意一点,可拆卸锂电池比较实用,电用完了可以更换电池,而很多 MP4 的电池都不可拆卸,选购时一定要问清楚,尽量选择可拆卸那种。

(4) 从其他方面考虑

MP4 屏幕

现在市面上可以看到的屏幕一般为 2.4~7 英寸。它们一般采用的都是 1 600 万色的。所以在选择时一定要注意它屏幕的色彩清晰度。测试液晶屏的色彩数同样需要依靠我们仔细观察,我们可以选择一张色彩过渡相当丰富的图片,然后利用 MP4 显示图片。对于 65 000 色和 26 万色的屏幕来说,在这些色彩过渡较为丰富的地方,会看到很多的色块,而在 1 600 万色的屏幕上色彩过渡非常自然。

格式问题

取决是否为 MP4 的最关键的就是支持的格式问题,大家都知道,之所以称为 MP4,是因为它能支持专业的影音播放格式,所以这方面也是消费者需要重点了解的地方。如果仅能支持一种影音播放格式,这款产品称为 MP4 就有些牵强,支持的格式越多观看电影就越方便。还要了解此款 MP4 是否很多格式都需要转换才能观看,众所周知,将某种格式转换需要很长的时间,这样就给用户造成很大的不便。

播放时间

选择一款 MP4 无非是想看电影,而电影的时间大都在 2 小时左右,目前市场上的MP4播放时间大都为6小时,待机时间一般为4～7小时视频播放,10小时以上左右音频播放。

MP5播放器

MP5是MPEG Layer 5的简称,它是由国内科技厂商自行开发出的演算法。MP5音乐是一种音效挡格式,它可以将一首完整的wav、mp3或是cda的声音挡,经过MP5的压缩技术,产生压缩的比例大约为1∶10的音乐声音挡。

随着媒体播放器产品的不断发展,一些下载视听类产品早已无法满足个性化以及在线消费的需要,因此在线直播及下载存储等多功能播放器随之异军突起。新一代的便携式个人多媒体终端——MP5,其核心功能就是利用地面及卫星数字电视通道实现在线数字视频直播收看和下载观看等功能,同时,MP5内置40～100吉字节硬盘,使用者可以将MP3、网络电影甚至DVD大片、电视连续剧、自己喜欢的照片统统纳入其中。

特点

(1) MP5播放器就是采用了软硬协同多媒体处理技术,能够用相对较低的功耗、技术难度、费用,使产品具有很高的协同性和扩展性,还第一个将ARM11平台应用于手持多媒体终端,其主频最高可达1吉赫兹,能够播放更多的视频格式,比如avi、asf、dat等,以及网络资源最丰富的rm、rmvb。听歌听得好,这就给消费者以及行业的发展带来了实在的好处,也使得行业发展的瓶颈得到了解决。

(2) 音乐方面

MP5使用"特殊的压缩演算法"过滤掉人类无法听到的声音以获取更多储存空间,所以采用MP5技术压缩后的音乐,严格来说应该会比MP3稍差,只是听者无法察觉而已。语音压缩技术在目前的消费性产品中占有很重要的地位,而且能根据不同的应用范围发展出不同的技术。

(3) 视频方面

MP5播放器的出现从很大的方面解决了MP4遇到的问题,为解决片源限制与硬件产品支持格式的矛盾,MP5播放器产品正式浮出水面。MP5是随身数码娱乐领域一个全新的概念,它能够支持更多的视频,特别是网络视频资源。

MP5 的主要功能和用途

(1) 具有目前市场上 MP4 的通用功能。

(2) 通过接收地面移动数字电视信号收看数字电视的直播。

(3) 通过网络平台能够接收并保存视音频、图片、文本等多种文件,保存到内置的存储区,用户可以在本地随时随地观看新闻、文本信息。

(4) 体积小,易于携带,功能丰富,适合于各类人士。

(5) MP5 强大的内核处理能力可以支持现有的多款经典网络下载游戏。

总之,无论您在工作中还是闲暇时,MP5 总能让您成为目光的焦点。

数字音频常识

我们应该先了解什么是数字音频。我们都知道,计算机数据的存储是以 0 和 1 的形式存取的,那么数字音频就是首先将音频文件转化,接着再将这些电平信号转化成二进制数据保存,播放的时候就把这些数据转换为模拟的电平信号再送到喇叭播出,数字声音和一般磁带、广播、电视中的声音就存储播放方式而言有着本质区别。相比而言,它具有存储方便、存储成本低廉、存储和传输的过程中没有声音的失真、编辑和处理非常方便等特点。另外,还应了解几个关于数字音频的基本知识:

(1) 采样率:简单地说就是通过波形采样的方法记录 1 秒钟长度的声音需要多少个数据。44 千赫采样率的声音就是要花费 44 000 个数据来描述 1 秒钟的声音波形。原则上采样率越高,声音的质量越好。

(2) 压缩率:通常指音乐文件压缩前和压缩后大小的比值,用来简单描述数字声音的压缩效率。

(3) 比特率:是另一种数字音乐压缩效率的参考性指标,表示记录音频数据每秒钟所需要的平均比特值(比特是电脑中最小的数据单位,指一个 0 或者 1 的数),通常我们使用 kbps(通俗地讲就是每秒钟 1 000 比特)作为单位。CD 中的数字音乐比特率为 1 411.2 kbps(也就是记录 1 秒钟的 CD 音乐需要 1 411.2×1 024 比特的数据),近乎于 CD 音质的 MP3 数字音乐需要的比特率大约是 112kbps～128kbps。

（4）量化级：简单地说就是描述声音波形的数据是多少位的二进制数据，通常用比特（bit）做单位，如 16bit、24bit。16bit 量化级记录声音的数据是用 16 位的二进制数，因此，量化级也是数字声音质量的重要指标。我们形容数字声音的质量，通常就描述为 24bit（量化级）、48 千赫采样，比如标准 CD 音乐的质量就是 16bit、44.1 千赫采样。

家用电器连线注意事项

购买家用电器，首先应认真查看产品说明书中的技术规格，如电源种类是交流还是直流，电源频率是否为一般工业频率 50 赫兹，电源电压是否为民用生活用电 220 伏。耗电功率多少，家庭已有的供电能力是否满足，特别是插头座、保险丝、电度表和电线，如果负荷过大超过允许限度便发热损坏绝缘，引起用电事故。上述内容核对无误方可考虑安装通电。

安装家用电器应查看产品说明书中对安装环境的要求，特别注意在可能的条件下，不要将家用电器安装在湿热、灰尘多或有易燃、腐蚀性气体的环境中。

在敷设电源线路时，相线、零线应标志明晰，并与家用电器接线保持一致，避免互相接错。家用电器与电源连接，必须采用可开断的开关或插接头，禁止将电线直接插入插座孔。凡要求有保护接地或保安接零的，都应采用三脚插头和三眼插座，并且接地、接零插脚与插孔都应与相线插脚与插孔有严格区别，禁止用对称双脚插头和双眼插座代替三脚插头和三眼插座，以防接插错误，造成家用电器金属外壳带电，引起触电事故。

接地线、接零线虽然正常不带电，为了安全，其导线规格要求不低于相线，其上不得装开关或保险丝，也禁止随意将其接到自来水、暖气、煤气或其他管道上。

通电试用前应对照说明书，将所有开关、手柄置于原始停机位置，按说明书中要求的开停操作顺序操作。如果有运动部件，应事先考虑足够的运动空间，如果通电后发生异常现象，应立即停机并切断电源，进行检查。

在使用过程中，禁止用湿手去接触带电开关或家用电器金属外壳，也不能用湿手更换电气元件或灯泡。对于经常拿在手中使用的家用电器，如电吹风等切忌将电源线缠绕在手上使用，禁止用拖电线的办法来移动家用电器,需要搬动应先切断电源,禁止用拉电线的方法拔插头,一般家用电器不要长时间(几个小时)连续使用(电冰箱除外),特别是人体经常接触的电热器具,最好加装过热保护。在使用过程中,如发现有异常气味和异常噪音应停止使用,切断电源进行检查。

家用电器使用完毕,要随手切断电源,紧急情况需要切断电线时,必须用绝缘电工钳或带绝缘手柄的刃具。

家用电器禁止用铜丝代替保险丝,禁止用一般胶布或伤湿止痛膏之类代替电工胶布。

经常使用的家用电器,应保持其干燥和清洁,对供电线路和电气设备要定期进行绝缘检查,发现破损处要及时用电工胶布包紧,在雨季前或长时间不用又重新使用的家用电器,用500伏摇表测量其绝缘电阻不低于1兆欧,方可认为绝缘良好,正常使用。

家电节电

目前我国居民用电已占全社会用电的12%左右,其中冰箱、空调、电热水器就占居民用电的80%以上。因此,掌握这些电器的省电窍门,对家庭节电至关重要。

微波炉省电法:微波炉的功率一般是750瓦或850瓦,虽算不上是家中的耗电大户,但由于使用频繁,耗电量也很可观,倘若精于算计,则可省电。微波炉的功率虽只在850瓦左右,但由于启动电流大,一般启动时可达1 000瓦左右。因此,在使用微波炉时,要掌握各种菜肴的烹调时间,能用10分钟熟的,不用15分钟,且减少关机观看的次数,做到一次启动,即烹调完毕。为减少开关机次数,可在转盘上同时放置2~3个容器,开机设置时间可增加1~2分钟。

电视机省电法:首先控制亮度。一般彩色电视机最亮与最暗时的功耗能相差30~50瓦,室内开一盏低瓦数的日光灯,把电视亮度调小一点儿,收看效果好且不易使眼疲劳。其次控制音量。音量大,功耗高。每增加1瓦的音频功率要增加3~4瓦的功耗。第三是加防尘罩。加防尘罩可防止电视机吸进灰尘,灰尘多了就可能漏电,增加电耗,还会影响图像和伴音质量。最后,看完电视后应及时关机或拔下电源插头,因为有些电视机在关闭后,显像管仍有灯丝预热,遥控电视机关机后仍处在整机待用状态,还在用电。

电饭锅省电法:电饭锅的内锅应与电热盘吻合,中间无杂物。煮饭做汤时,只要熟的程度合适即可切断电源,锅盖上盖条毛巾,可减少热量损失。煮饭时应用热水或温水,热水煮饭可省电30%。电饭锅用毕立即拔下插头,既能减少耗电量,又能延长使用寿命。电热盘是电饭锅的主要发热部件,通电后把热量传给内锅,表面保持清洁,热传导性能好,提高功效可节电。如电热盘被油渍污物附着后出现焦炭膜,会影响导热性能,使耗电增加,因此一定要保持电热盘的清洁,每次用完后用干净软布擦净。

空调器省电法:空调省电主要取决于"开机率",即启动时最耗电。首先,要依据住房面积确定选购的型号。其次,房间应具有最基本的隔热性能。墙面应进行涂刷装饰,以增强灰质墙的隔热性,即可省电。第三,空调安装位置宜高不宜低。若把空调装在窗台上,抽出的空气温度低,相对来说空调在做无功损耗,上层的热气并没得到有效制冷。最后,空调温度不宜定位太低。一般控制在24℃至28℃或再高一点,只要人不感到热就行了。另外,空调千万别加装稳压器,因为后者是日夜接通线路的,空调不用时也相当耗电。

电冰箱省电法:冰箱不要放在太阳直射的地方,不要与煤气灶等热源有"亲密接触"。冰箱散热面与四周应留有5厘米以上的空隙,保证它有足够的"呼吸空间"。食物冷却后再放入冰箱。减少开门次数,缩短开门时间。不要长时间使冰箱处于"强冷"或"急冷"状态。冰箱积霜厚度超过6厘米就应除霜。

洗衣机省电法:累积足量衣服再开洗衣机,避免为洗少量衣物而多次开动机器。衣物事先浸泡,缩短洗衣时间。根据衣物脏污程度,选择节电洗涤程序。

其他家电节电法:家用电器的插头插座要接触良好,否则会增加耗电量,而且还有可能损坏电器。电水壶的电热管积了水垢后要及时清除,这样才能提高热效率,节省电能,同时还可延长使用寿命。使用电热取暖器的房间要尽量密封,防止热量散失,室温达到要求后应及时关闭电源。熨烫衣物最好选购功率为500瓦或700瓦的调温电熨斗,这种电熨斗升温快,达到使用温度时能自动断电,不仅能节约用电,还能保证熨烫衣物的质量。

二、让我们连接五湖四海——通信技术及设备

世界电信日的由来

1865年5月17日,为了顺利实现国际电报通信,法、德、俄、意、奥等20个欧洲国家的代表在巴黎签订了《国际电报公约》,国际电报联盟(International Telegraph Union,ITU)宣告成立。随着电信技术的发展和通信手段的丰富,1932年全世界70多个国家的代表在西班牙马德里召开会议,决定自1934年1月1日起正式将该联盟改称为"国际电信联盟"(International Telecommunication Union,ITU)。1969年5月17日,国际电信联盟第二十四届行政理事会正式通过决议,决定把国际电信联盟的成立日——5月17日定为"世界电信日",并要求各会员国从1969年起,在每年5月17日开展纪念活动。

1973年国际电信联盟再次通过决议,要求各会员国继续开展各种纪念活动,活动方式可以多种多样。每年世界电信日期间,包括中国在内的国际电信联盟(ITU)的各个成员国都会举行各种各样的主题活动,推动本国网络通讯产业的健康发展、普及共享。为了使纪念活动更有系统性,每年的世界电信日都有一个主题。比如2004年世界电信日的主题是:"信息通信技术:引领可持续发展之路。"2005年世界电信日的主题是:"行动起来,创建公平的信息社会。"这些主题反映了国际电信联盟发展的主旨和方向,2013年国际电信联盟把"信息通信技术与改善道路安全"作为主题。

历届世界电信日主题

年份　主题

1969　电联的作用及其活动

1970　电信与培训

1971　太空与电信

1972　世界电信网

1973　国际合作

1974　电信与运输

1975　电信与气象

1976　电信与信息

1977　电信与发展

1978　无线电通信

1979　电信为人类服务

1980　农村电信

1981　电信与卫生

1982　国际合作

1983　一个世界、一个网路

1984　电信：广阔的视野

1985　电信有利于发展

1986　前进中的伙伴

1987　电信为各国服务

1988　电子时代的技术知识传播

1989　国际合作

1990　电信与工业发展

1991　电信与人类的安全

1992　电信与空间：新天地

1993　电信和人类发展

1994　电信与文化

1995　电信与环境

1996　电信与体育

1997　电信与人道主义援助

1998　电信贸易

1999　电子商务

2000　移动通信

2001　互联网:挑战、机遇与前景

2002　帮助人们跨越数字鸿沟

2003　帮助全人类沟通

2004　信息通信技术:实现可持续发展的途径

2005　行动起来,创建公平的信息社会

2006　推进全球网络安全

2007　携手青年:ICT产业的机会

2008　信息通信技术惠及残疾人

2009　保护未成年人网络安全

2010　ICT让城市生活更美好

2011　信息通信让农村生活更美好

2012　信息通信与女性

2013　信息通信技术与改善道路安全

世界电信发展史上的第一次

世界上第一份电报:1844年5月24日,在华盛顿国会大厦联邦最高法院会议厅里,莫尔斯亲手操纵着电报机,向远在64千米外的巴尔的摩城发出了世界上第一份电报。

第一条海底电报电缆:19世纪中叶,有线电报就已经在欧洲大陆开始应用了。而第一条海底电报电缆是约翰和雅各布·布雷特兄弟俩于1850年在法国的格里斯—奈兹海角和英国的李塞兰海角之间的公海里敷设的。

人类历史上的第一次电话通话:1875年,贝尔用自己制作的电话进行了人类历史上的第一次电话通话。

第一个自动电话局:第一个研究发明自动电话交换机的人是美国堪萨斯城一个殡仪馆的老板阿尔蒙·B·史端乔。1892年11月3日,用史端乔发明的接线器制成的"步进制自动电话交换机"在美国印第安纳州的拉波特城投入使用,这便是世界上第一个自动电话局。

第一部手提式传真机:1913年,法国物理学家贝兰制成了第一部手提式传真机,可供新闻记者用来迅速地发出新闻信息。

二、让我们连接五湖四海——通信技术及设备

第一次图像通信:1914年,世界上第一幅通过传真机传送的新闻照片出现在巴黎的一张报纸上,这在当时引起了巨大的轰动。

第一个电视播映:1925年,美国人贝尔德在伦敦的尔弗里厅百货商店举行了世界上首次电视播映。被摄入镜头的是住在他楼下的一个公务员,名叫威廉·戴恩顿,他成为世界上第一个上电视屏幕的人。

第一个大型纵横制电话交换局:1929年,瑞典松兹瓦尔市建成了世界上第一个大型纵横制交换电话局,拥有3 500个用户。

第一个定期播放节目的电视台:1936年11月2日,世界上第一个定期播放电视节目的电视台——英国BBC电视台开播,它把人类带入了一个电视时代。

第一个汽车移动电话系统:1946年,在美国密苏里州的圣路易斯开通了世界上第一个汽车移动电话系统,这个就是现代的移动通信的前身了。

第一条海底电话电缆:1956年,在英国和加拿大之间的大西洋海底铺设完成了电话电缆,使越洋电话通信成为现实。

第一颗人造卫星:1957年10月4日,原苏联发射了第一颗人造地球卫星,地球上第一次收到了来自人造卫星的电波。它不仅标志着航天时代的开始,也意味着一个利用卫星进行通信的时代即将到来。

第一个"无源通信卫星":1960年8月12日,美国国防部把卫星"回声1号"发射到距离地面高度约1 600千米的圆形轨道上,进行通信试验。由于这颗卫星上没有电源,故称之为"无源卫星"。它不具备放大和信号处理功能,只能简单地将从地面地球站发出的信号反射,为地球上的其他地点所接收到,从而实现通信。

第一颗有源通信卫星:1962年7月,美国国家航空宇航局(NASA)发射了"电星1号"。这颗卫星上装有无线电收发设备和电源,可对信号接收、处理、放大后再发射,大大提高了通信质量。这颗卫星在美国缅因州的安多弗站与英国的贡希利站和法国的普勒默—博多站之间成功地进行了横跨大西洋的电视转播和传送多路电话试验。

第一颗试验性同步卫星:1964年8月19日,美国发射了"同步3号"卫星。这是世界上第一颗试验性同步卫星。它的运行角速度跟地球的自转相同,与地面保持静止。10月,美国利用"同步3号"卫星向全世界转播了东京

奥林匹克运动会的实况电视，轰动世界。

通信中两项最重要的指标

在科学技术高度发展的今天，可供选择的通信方式是多种多样的，比如电话、电报、无线电广播、有线电视、移动通信、计算机网络通信等等，而不管我们采用了哪种通信方式，衡量一个通信系统性能优劣的标准是统一的，那就是系统的有效性和可靠性。

有效性是指系统传输信息速度的快慢，而可靠性是指系统传输信息的准确程度。鱼和熊掌不能兼得，在一个给定的通信系统中系统的有效性和可靠性是相矛盾的，用句老话来解释，就是"欲速则不达"。由于目前的通信已经逐渐地从模拟方式向数字方式转换，所以我们以数字通信系统来说明这两个指标的含义。

通信系统的有效性就是指系统的信息传输速率，在数字通信系统中一般可以用系统单位时间内传输的比特数来衡量，单位是比特/秒（bit/s）。通信系统的有效性是系统存在的基础，一个没有效率的系统是没有存在的必要的。有人举了个例子，1999年上网时，网络速度慢得惊人，下载文件的速度经常是几十字节/秒（注：一个汉字占两字节，一个字节为8比特），有一次请朋友传一个4兆字节左右的文件过来，从早晨到中午只传了一半不到，最后长叹一声，给朋友打电话："你等着，我坐车过去，拿软盘拷贝一下。"从上述例子我们可以看出，信息传输速度对通信系统来讲是尤为重要的。信息流的传输在某些方面跟水流很相似，供水管道口径越大，单位时间内流过的水流就越多，而通信系统的信息传输速度则是跟系统的频带宽度成正比，信道的带宽越宽，信息的传输速度也就越快。通常我们在家里上网，感觉使用光纤宽带比使用电话调制解调器上网速度快就是这个道理——因为光纤的带宽要远比电话线的带宽宽。

通信系统的另一个重要的指标就是通信系统的可靠性，在数字通信系统中它一般可以用误码率和误比特率来表示，指系统错误接收的码元（比特）在系统传输的总码元（比特）中所占的比例。通信系统的可靠性是系统正常运行的重要保证，在通信过程当中，由于外界的干扰和噪声总是存在的，而这些干扰和噪声信号会通过电磁干扰等方式影响发送端发出的信号，使得接收端的信号产生错误,当系统性能一定的时候,传输速度和误码率是一对矛盾,如果只是一味地提高速度就会造成系统可靠性下降,所以我们应该在两者之间找到一个平衡点,比如在计算机通信中,信息是以数据包的形式传输的,如果我们一味地求快,可能我们 1 秒钟发送了 10 个数据包,但是其中只能保证 7 个是正确的;而如果我们降低速度,可能 1 秒钟只能发送 9 个数据包,但是却能保证其中 8 个是正确的,从这个例子中读者就可以看到两者之间的关系了。

通信系统的可靠性和有效性是两个最重要的指标,我们一般要根据实际情况来决定侧重于哪方面,比如,我们在长距离的无线通信(如无线电广播)中,由于外界干扰多而且复杂,我们侧重于提高系统可靠性,而在近距离有线通信(如计算机局域网)中,由于外界干扰小,我们就更侧重于提高系统的有效性。

个人通信

个人通信是指无论什么人(Whoever)在任何时候(Whenever)和任何地点(Wherever)都能和另一个人(Whomever)进行任何方式(Whatever)的通信。个人通信以人为中心,它把现在"服务到家"的通信推向"服务到人",具有最好的服务质量,是 21 世纪通信发展的重要方向。个人通信的主要特点是每个用户有一个属于个人的唯一通信号码,取代了以设备为基础的传统通信的号码(现在的电话号码、传真号码等,是某一台电话机、传真机等的号码)。电信网随时跟踪用户为其服务。不论被呼叫的用户是在车上、船上、飞机上,还是在办公室里、家里、公园里,电信网都能根据呼叫人所拨的个人号码找到他,接通电路提供通信。用户通信完全不受地理位置的限制。实现个人通信需要解决许多技术问题,这些问题主要是:

(1) 跟踪用户和位置登记:用户从一地移到另一地时,电信网要能够跟踪并随时登记他的所在位置,根据用户所在位置自动选接用户所在地点的交换局。使用户不论在什么地方都可以与本地的网络连接进行通信。

(2) 自动灵活的计费方式:因为个人通信是根据个人号码向个人计费的,不是向固定的设备计费,计费系统必须能够自动灵活地记下用户的通信费用。

（3）超大容量的数据库：个人通信的用户数量庞大，状态变化复杂，必须要有超大容量的数据库才能随时存储各种状态（例如用户的个人通信号码、随时变动地址的信息、具有何种性能的通信终端设备等），实现先进的服务。

（4）无缝网络覆盖：实现个人通信，必须要把各种技术的通信网组合到一起，把移动通信网和固定的通信网结合在一起，把有线接入和无线接入结合到一起，才能形成一个容量极大、无处不通的个人通信网。

近年来，通信技术日新月异，个人通信已经逐渐地进入我们的现实生活。这主要得益于以下通信技术的发展：

（1）移动通信技术的发展。现代移动通信技术的发展为通信的最高目标提供了传输方式的保证，移动通信是一种无线电通信，它可以通过无线空间自由地传输信号，而不必考虑地理环境的制约。近几年来，移动通信发展很快，在前几年已经完成了从第一代模拟移动通信向第二代数字移动通信的转换。目前，GSM系统日益完善，以CDMA为代表的第三代移动通信系统也基本成熟，同时移动通信和卫星通信相辅相成也完成了对全球的信号覆盖。正是有了这样的技术保证，使我们只要拥有相应的移动台和SIM卡就可以在任何时候、任何地点与朋友进行通信。

（2）数字通信的发展。我们通过数字编码技术可以将语音、文字、图形、影像等不同的信号都变成由"1"和"0"组成的信息代码流。所以当今数字通信技术的发展使得我们可以用任何一种方式与对方通信。

（3）通信信道的扩展。与传统的模拟通信相比较，数字信号要占用更多的信道资源（信道带宽）。比如，一路数字电话占用的带宽一般相当于过去十几路模拟电话信号占用的带宽，所以我们要开展数字业务必须要有足够的信道资源。当今光纤通信、微波中继通信迅速发展，为信号长距离的中继传输提供了足够的带宽。这些都为完全实现以数字移动通信为主体的自由通信方式奠定了基础。

当前通信行业保持了旺盛的发展势头，已经成为我国主要的经济支柱之一，为我国的现代化建设提供了重要的保证，新的通信技术不断涌现，通信业务不断扩展，通信手段不断丰富，通信质量不断提高，人类的最高通信目标已经逐渐从梦想成为现实。

通信系统的组成

通信系统是用于完成信息传输的全部设备和传输媒介的总称。其基本模型如图所示,由信源、发送设备、接收设备、信宿和信道组成。

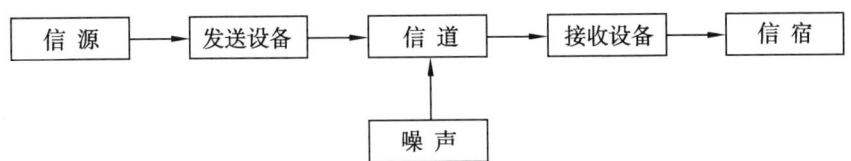

信源又称为信息源或发终端,负责把各种消息转换成电信号,由信源输出的信号称为基带信号。发送设备是用于发送电信号的设备和电路的总和,包括各种具体的电路和设备。它负责把基带信号转换成便于在信道中传输的信号。在模拟通信系统中发送设备包括调制、放大、滤波和发射等功能模块,在数字通信系统中还要加上编码和加密等功能模块。接收设备是用于接收电信号的设备和电路的总和,它的功能与发送设备正好相反,主要负责把接收到的信号恢复成基带信号。信道是信号传输的通道,其传输性能直接影响通信的质量。在通信过程中,通信设备不可避免地会受到外界噪声的干扰,通信的各个环节都可能产生噪声,为了便于分析,我们把噪声等效为信道的一部分引入系统中。

通信系统根据所传输信号的不同,可以分为模拟通信系统和数字通信系统,当前数字通信系统已经逐步取代了模拟通信系统,成为通信方式的主体。其系统构成框图如下图所示,与模拟系统相比较,数字系统在调制器之后增加了两个编码器,在解调器之前增加了两个解码器。其余部分与模拟系统基本一致。

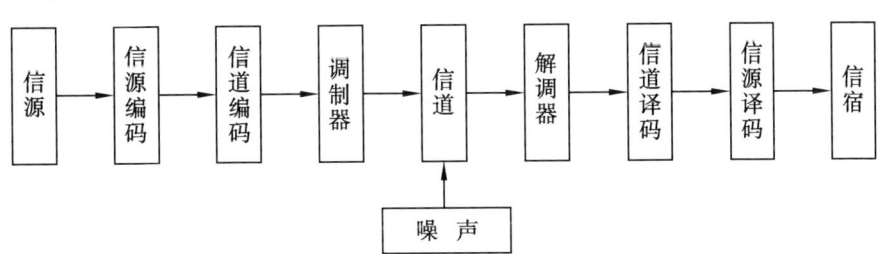

在该系统中信源和信宿负责完成原始消息和电信号的转换。

信源编码的任务是把由信源产生的模拟电信号通过模/数转换电路变成数字基带信号,而接收段的信源译码功能与它正好相反。

信道编码又称为差错控制编码或者纠错编码,它自数字基带信号中按照一定的规律加入监督码元,使接收端能够发现和纠正在传输过程中产生的误码,提高通信系统的可靠性。

调制器的功能是利用基带信号来调制高频载波,使基带信号能适合于长距离的传输。根据数字系统的特点,数字调制常采用键控的方式,分为振幅键控、频移键控和相移键控方式。

数字信号占据的带宽要比相应的模拟信号多,所以数字信号在传输时对信道提出了更高的要求,目前,光纤、卫星、微波等通信技术的发展给数字通信提供了足够的带宽。

数字通信系统对噪声有着天生的免疫力,只要噪声不要太大(不超过数字信号的判决门限),数字通信系统就能通过再生技术恢复原始信号。

数字通信系统还有一个没有在模型中表现出来的同步问题。数字通信系统手法两端必须同步,即建立一种收发两端相对一致的时间关系,这样才能正确地接收每个码元和确定每个码组的起止时刻。

模拟通信和数字通信

通信技术按照信号的传输类型划分可以分为模拟通信和数字通信。近年来,通信技术迅猛发展,数字通信逐渐占据了通信行业的主流,数字设备也越来越多,日常所用的手机,已经不再是过去使用的模拟手机,变成了现在的数字手机。另外,我国目前也正在建设数字电视系统。

那么,模拟通信和数字通信是如何划分的呢?这要从通信传输的信号说起,如果通信系统传输的是连续信号,比如从话筒中传出的语音信号,它的电压可以用取值连续的时间函数表示,它的电压值可以是最大和最小电压之间的所有值,这种信号称为模拟信号。而如果通信系统传输的是关于时间不连续的信号,比如我们家用的计算机端口输出的信号,它的电压只能取最大和最小电压之间的有限个离散值,这种信号称为数字信号。与之相对应,传输不同信号的通信系统也可以分为模拟系统和数字系统。在同一个通信系统中我们可能会同时碰到这两种信号。一个有趣的例子是，当我们使用计算机网络进行语音聊天的时候，从我们的话筒输送到计算机的信号是模拟信号，而从我方计算机送至对方计算机的信号就是数字信号了。

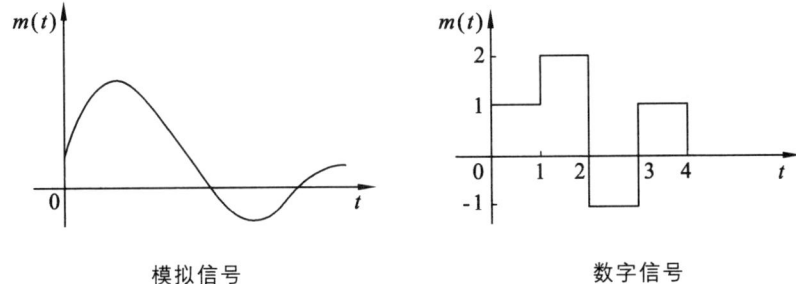

模拟信号　　　　　　　　　数字信号

在日常生活中我们常用的模拟通信系统有无线电广播、家用电话、电视等等，而数字通信系统包括 GSM 手机系统、计算机网络以及数字电视系统等。将这两种系统相比较，会发现数字通信系统具有以下优点：

抗干扰能力强，便于长距离传输。模拟通信的信号是连续的，所以当模拟信号中叠加了噪声，我们是不容易判断的。而数字通信系统不同，它的信号的取值是离散的，如果信号发生了变化，我们可以通过"再生"技术恢复数字信号的原貌。

保密性能好。模拟通信是可以被窃听的，比如我们在电话线上并联另外一个电话，就可以窃听通话双方的对话，而数字系统所有的信息都可以加密，即使我们能截取信号，也会因为没有密码而无法得知通信的内容。

现代数字通信设备集成化程度越来越高，体积小、重量轻、价格便宜，由于使用了数字信号，因此数字通信系统更加有利于使用计算机进行控制，实现了控制系统的自动化。

由于具有诸多优点，数字通信已经成为现代化通信的主流，我们的生活也进入了崭新的数字时代。

干扰和噪声

相信朋友们都有这样的经历，当你正在看电视的时候，旁边如果有人使用电弧焊进行焊接，就会对你收看节目产生很大的影响，甚至是满屏雪花，什么也看不见了。产生这种现象的原因就是电弧焊发出的噪声信号对通信中的电视信号产生了强烈的影响。

从广义上讲,通信系统中有用信号以外的有害信号都可以被称为噪声,习惯上把周期性的有规律的有害信号称为干扰,把其他有害信号称为噪声。在这里我们不对其进行细分,将它们统称为噪声。

噪声在通信过程中能叠加到信道中传输的信号上,对信号产生影响,通常也被称为加性噪声。分析信道中加性噪声的来源,一般可以分为:人为噪声、自然噪声和内部噪声三类。人为噪声来源于无关的其他信号源,例如:家用微波产品、医疗器械、开关接触噪声、工业的点火辐射等;自然噪声是指自然界存在的各种电磁波源,例如:闪电、雷击、大气中的电暴和各种宇宙噪声等;内部噪声是系统设备本身产生的各种噪声,例如:电阻中自由电子的热运动和半导体产品中载流子的起伏变化等。

某些类型的噪声是可以确知的。虽然消除这些噪声不一定很容易,但至少在原理上可消除或基本消除。另一些噪声则往往不能准确预测其波形。这种不能预测的噪声统称为随机噪声。常见的随机噪声可分为三类:

(1) 单频噪声:它是一种连续波的干扰(如外台信号),它可视为一个已调正弦波,但其幅度、频率或相位是事先不能预知的。这种噪声的主要特点是持续的连续波干扰,占有极窄的频带,但在频率轴上的位置可以实测。它的主要来源是无线电干扰,因此,单频噪声并不是在所有通信系统中都存在。

(2) 脉冲噪声:脉冲噪声是突发出现的幅度高而持续时间短的离散脉冲。这种噪声的主要特点是干扰脉冲持续时间短、脉冲幅度大,且相邻突发脉冲之间往往有较长的安静时段。从频谱上看,脉冲噪声通常有较宽的频谱(从低频到高频),但频率越高,其频谱强度就越小。脉冲噪声主要来自机电交换机和各种电气干扰、雷电干扰、电火花干扰、电力线感应等。

(3) 起伏噪声:起伏噪声是一种连续波随机噪声,如热噪声、散弹噪声及宇宙噪声等。这类噪声的特点是,占据了很宽的频带并且总是存在。从干扰程度上看,对通信系统的通信质量影响最大的还是起伏噪声。

由以上分析可见,单频噪声仅存在于有限的通信方式中,也比较容易防止;而脉冲噪声具有较长的安静期,因此对模拟话音信号的影响不大;起伏噪声带宽宽,用滤波器无法完全滤除,而且始终存在。因此,从干扰程度上看,对通信系统的通信质量影响最大的还是起伏噪声。应当指出的是,脉冲噪声虽然对模拟话音信号的影响不大,但是在数字通信中,它的影响是不容忽视的。在数字通信过程中,一旦出现突发脉冲,由于它的幅度大,将会导致一连串的误码,对通信造成严重的危害。在数字通信中,通常可以使用检错和纠错编码技术来减轻这种危害。

基带传输技术

基带传输是一种最简单最基本的传输方式。从信号分析角度看,基带信号是指没有经过任何波形变换、直接包含特征信息的信号。在信道中直接传输基带信号的通信系统被称为基带传输系统,根据基带信号的不同,可以分为模拟基带传输系统和数字基带传输系统。

由贝尔设计的最早的电话系统就是一种典型的模拟基带信号传输系统,它的形式非常简单,通常由发送端的话筒、接收端的听筒和传输信号的电话线这三部分组成。在发送端,人们对着话筒讲话,声音就会振动话筒表面的薄膜,引起话筒内部电阻阻值的变化,并进一步产生与声音信号相对应的电压或电流信号。这个信号的波形跟声音信号的波形是一致的,都是关于时间和状态连续变化的,所以通常被称为模拟基带信号。基带信号产生后,系统不对该信号进行波形变换,直接将这个携带了语音信息的基带信号通过电话线传输到接收端,这就完成了模拟基带信号的信道传输。在接收段,用接收下来的基带电信号驱动听筒发出声音,就可以把电信号重新恢复成原始的声音信号。

近年来,随着通信技术的发展,数字基带信号传输方式被普遍用于计算机局域网的信号传输中。在计算机系统中,我们通常把要发送的信息进行编码,形成由"1"和"0"构成的二进制码组序列。而二进制码组序列最基本的电信号形式为方波,即"1"和"0"分别用高(或低)电平和低(或高)电平表示,人们通常把方波固有的频带称为基带,方波电信号称为数字基带信号。而在计算机间相互连接的网线直接传输这种方波信号则被称为数字基带传输方式。一般来说,要将信源的数据经过变换变为直接传输的数字基带信号,这项工作由编码器完成。在发送端,由编码器实现编码;在接收端由译码器进行解码,恢复发送端发送的原始数据。

比较以上两种基带传输系统我们可以发现,基带传输的特点就是直接将携带有原始信息的电信号进行传输,而不对其进行复杂的信号处理。采用基带传输的通信系统的优点是技术简单、设备便宜,缺点是由于基带信号中含有直流和低频分量,这造成信号波形容易衰减变形也容易受干扰和噪声影响,从而造成信噪比下降和误码,因此基带信号不适合长距离传输。所以基带传输系统通常用于近距离信号传输,另外,虽然长距离的通信时需要采用频带传输方式,但是频带信号是由基带信号调制而来的,所以频带传输系统中实际上也包含了基带传输系统。

调制解调技术

今天的计算机网络已经非常普及,有些用户还在通过调制解调器上网,在这篇文章中我们将对调制解调器的原理以及功能作一个简单的说明。

计算机是一种数字设备,通常从计算机通信端口输出的都是二进制的数字基带信号,若传输距离不太远且通信容量不太大时,数字基带信号可以直接传送,我们称之为数字信号的基带传输。但是当需要进行长距离的传输的时候,或者利用电话线、光纤或者无线信道传输时,数字基带信号则必须经过调制将信号频谱搬移到高频处才能在信道中传输,我们把这种传输称为数字信号的频带传输,完成这一变换的设备称为调制器,接收端可以通过与之对应的解调器将频带信号恢复成基带数字信号,调制器和解调器通常被集成在一个终端里,称为调制解调器(MODEM)。这种包括了调制和解调过程的传输系统称为频带传输系统,采用频带传输系统可充分利用现有公用电话网的模拟信道,使其进行数据通信。

常见的调制方式包括三类,分别称为调幅、调频和调相,它们是用基带信号分别对高频正弦载波信号的幅度、频率和相位进行调制,形成具有相应特征的频带信号。这些频带信号既包含基带信号的信息,又具有载波信号频率高、无直流分量的特点,适合进行远距离的传输。数字系统的调制方式跟模拟系统的调制方式原理相同,调制数字基带信号时,这三种调制方式通常对应的称为振幅键控、频移键控和相移键控,它们的信号波形如下图所示:

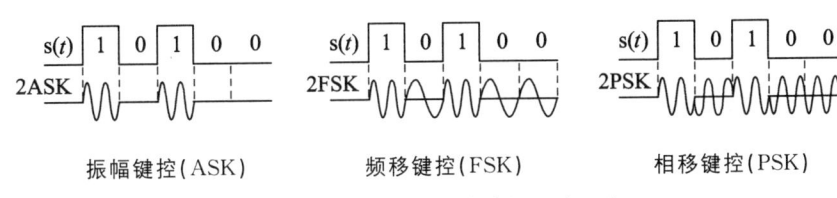

振幅键控（ASK）　　　频移键控（FSK）　　　相移键控（PSK）

不管应用于哪种系统，调制目的主要包括以下三个：

（1）将基带信号变换成适合在信道中传输的已调信号。人们发出的语音信号的频率在几十赫兹到几万赫兹范围内，它同计算机的数字基带信号一样都属于低频信号，这种信号在进行远距离传输时容易受到干扰和衰减的影响发生变形，因此在传输此类信号时必须通过调制，把频率搬移到适合传播的信道频谱范围内。

（2）通过调制，增强信息信号的抗噪声能力。通信的可靠性和有效性是相互矛盾的，我们可以通过牺牲其中的一方面来换取另一方面的提高。例如当信道噪声比较严重时，为了确保通信的可靠，可以选择某种合适的调制方式（比如调频）来增加信号频带的宽度。这样，虽然传输信息的速率相同而所需的频带却加宽，显然信息传输的效率（有效性）降低了，但抗干扰能力却增强了。

（3）实现信道的多路复用。信道的频率资源十分宝贵，在一个物理信道上仅传输一个信息信号就像在一条宽阔的公路上只允许通过一辆汽车一样，是极大的浪费。为了提高信道频率资源的利用率，可以采用调制的方法对多个信号进行频谱搬移，将它们的频谱按一定的规则排列在信道带宽的相应频段内，从而实现同一信道中多个信号互不干扰地同时传输，这就是频分多路复用技术，它是以调制技术为基础的。

由于具有以上功能，调制技术在现代的通信中已经变得不可或缺。任何一种通信设备中都有相关的调制解调模块。近年来，随着通信技术的飞速发展，新的调制技术和相关设备不断涌现，确保了当前通信的顺利进行。

多路复用技术

随着通信技术的发展和通信系统的广泛使用，通信网的规模和需求越来越大。因此通信系统的容量就成为一个非常重要的问题。一方面，原来只传输一路信号的链路上，现在可能要求传输多路信号。另一方面，常见通信系统一条链路的频带很宽,足以容纳多路信号传输。比如通常人们的语音信号的带宽约为 4 千赫,即使是数字电话也只不过占用 64 千赫的带宽,而我们家里电话线的带宽大概是 100 兆赫左右。如果每条电话线路只传输一路电话,就像是在一座有着 10 条车道的大桥上面,每次只允许一辆汽车通过的确太浪费信道资源了。我们可以将多路信号通过一条信道来进行传输,这种技术被称为多路复用技术。

要实现一条传输信道的多路复用,关键在于把多路信号汇合到一条信道上之后,在接收端必须能正确地分割出各路信号。分隔信号的依据是各信号之间参数的差别,信号之间的差别可以是频率上的不同、信号出现时间的不同或者信号码型结构上的不同。所以多路复用技术实质上也是信号的分割技术。目前,常用的多路复用技术分为三种:频分多路复用、时分多路复用和码分多路复用,它们的信号划分原理如下图所示。

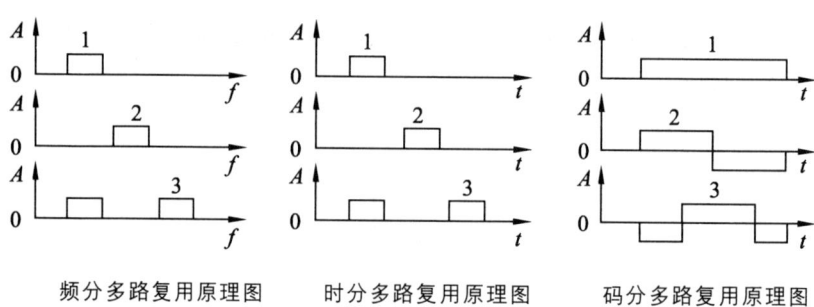

频分多路复用原理图　　时分多路复用原理图　　码分多路复用原理图

(1) 频分多路复用。当要传输的信号带宽小于传输媒质的可用带宽时,可以采用频分多路复用技术,简称 FDM。频分多路复用时把每路信号调制到不同的载波频率上,而且各载频之间保留足够的距离,使相邻的频带之间不会互相重叠,同时在相邻的频率之间设置一定的保护带宽,使得接收到的各路信号不会相互干扰,这样在接收端我们通过调谐就能把需要的信号分离出来。通常我们家中所看的有线电视就是采用了这种方式,可以在一条同轴电缆中发送数十路电视信号。

当频分多路复用技术用于光纤通信的时候,被称为波分复用技术,简称 WDM,它可以实现在同一根光纤中同时让两个或两个以上的光波长信号通过不同光信道各自传输信息。其具体方式是,在发送端将各路光信号先通过棱柱/衍射光栅聚在一起,共同使用一条光纤进行数据传输,到达目的节点后,再经过棱柱/衍射光栅分开。频分复用(FDM)技术和波分复用(WDM)技术无明显区别,因为光波是电磁波的一部分,光的频率与波长具有单一对应关系。但是由于不同波长的光波在光纤中传输的时延不同,所以通常把波分复用从频分复用中分离出来另作讨论。

(2)时分多路复用。时分多路复用是以时间作为分割信号的依据的,它是利用各信号样值之间的时间空隙,使各路信号互相穿插而不重叠,从而达到在一个信道中同时传输多路信号的目的。在时分多路复用方式下,各路信号占用不同的时隙,因此各路信号是周期性的间断发射的。时分多路复用实际上是多个发送端轮流使用信道的一种方式,在感觉上多个发送端在同时发送数据,但实际上每一时刻只有一个发送端在发送数据。

(3)码分多路复用。各种复用技术都是利用信号的正交性来区分信号的,在码分复用方式下,各路信号码元在频谱和实践上都是混叠的,但是代表每个码元的码组是正交的。因此在发送端首先将各路信号调制到不同的正交码组序列上,而接收端可以根据码组序列的不同将各路信号区分开。

信道编码

当两台计算机进行通信的时候,如果接收端计算机收到一组数字编码"0110100",而发送端计算机实际发送的是"0100100",这就是说该码组的第三位信号码元在传输过程中出现了错误,或者说产生了误码。

信号在信道中传输的时候难免会出现错误。造成错误的原因是多方面的,可能是由信道和传输设备中的干扰和噪声引起的,也可能是由信道的传输特性造成的。为了提高传输的可靠性,减少差错的产生,除了采用更好的调制和均衡技术外,还需要使用信道编码技术。

信道编码的目的是提高信号传输的可靠性,它也被称为差错控制编码。信道编码是对经过信源编码后形成的数字基带信号中增加一些多余的码元,这些码元被称为监督码元,被加入的码元与基带信号之间存在某种特定的约束关系。在接收端,通过检测这种约束关系有没有被破坏,就可以发现或纠正传输中发生的错误。按照干扰和噪声造成误码的不同,可以把信道分为三类:

(1)随机信道:这种信道中误码是随机出现的,各误码之间互不关联,比如白噪声引起的误码。

（2）突发信道：这种信道的误码呈现出脉冲的形势，出现的时间相对集中，但是两组误码之间的休止期比较长。比如，脉冲干扰引起的误码。

（3）混合信道：是指信道中的误码既有随机的又有突发的，同时存在。

由于各种信道产生误码的情况各不相同，所以对应的应该采用不同的差错控制技术来减少或消除不同特性的误码。常用的差错控制技术包括以下四种：

（1）检错重发：这种方式是指在发送端的码元序列中加入一些差错控制码元，接收端利用这些码元可以发现码元序列中是不是产生了误码，但是并不能确定误码的位置。于是，接收端要求发送端重新发送，直到接收到的信号序列中没有误码为止。比如在计算机局域网当中使用的奇偶校验编码就属此类。

（2）前向纠错：此类方式下，接收端利用发送端在发送序列中加入的差错控制码元不但能够发现是否存在误码，还能够发现误码的位置。由于数字基带信号的码元只有"1"和"0"两种，所以能够发现误码的位置就意味着能纠正这些误码了。此类方式以二维奇偶监督码为代表。

（3）反馈校验：在反馈校验方式中，不需要在发送序列中加入差错控制码元，接收端接收到发来的数字信号序列后立刻将其转发返回发送端，同发送端的原始信号逐位比较，检测是否存在误码，该方式原理和设备都比较简单，但是传输速率较低。

（4）检错删除：这种方式下，检错步骤跟检错重发比较类似，但是在处理时不要求发送端重发，而是直接将错误的信号码组删除，这种方式适合于信息冗余度大的通信系统，比如气象观测系统，即使丢一两个监测点的数据也不会使气象曲线改变很多。

为了达到最佳的检错和纠错效果，可以将几种差错控制编码结合使用。而不管使用哪种方法都需要通过给信息码组增加监督码元来实现，编码的方法不同，检错和纠错的能力也不一样。一般来讲，加入的监督码元越多，检错纠错能力越强，通信系统的可靠性越高，但是另一方面，加入的监督码元越多，通信的有效性也就随之降低。所以，检错纠错码实际上是以降低系统传输效率为代价换来了系统可靠性的提高。

异步传输与同步传输

同步就是步调一致的意思,在数字通信中,同步是十分重要的。常见的同步方式包括:载波同步、位同步、帧同步和网同步。

(1) 载波同步主要用于频带信号的相干解调,保证接收端的本地载波与发送端的载波频率相同,以便于正确地恢复出载波中所携带的数字基带信号。

(2) 位同步是指使接收端与发送端保持相同的时钟频率,以保证单位时间读取的信号单元数相同,使得我们能够正确地判断每个码元的起止位置,也保证传输信号的准确性。

(3) 帧同步是指当发送端通过信道向接收端传输数据信息时,如果每次发出一个字符(或一个数据帧)的数据信号,接收端必须识别出该字符(或该帧)数据信号的开始位和结束位,以便在适当的时刻正确地读取该字符(或该帧)数据信号的每一位信息,否则就会造成错误。

(4) 网同步是指在整个通信网内部实现同步,解决网中各站的载波同步、位同步和帧同步的问题。

如果通信两端不能够保持同步就被称为失步,这对于数字通信来讲是致命的,它会导致通信双方无法正常地传输信号,使整个系统陷于瘫痪。

根据通信系统收发两端实现同步方式的不同,我们可以将通信方式分为异步传输与同步传输。两者之间的主要区别在于发送器或接收器之一是否向对方发送时钟同步信号。但是它们均存在上述基本同步问题:一般采用字符同步或帧同步信号来识别传输字符信号或数据帧信号的开始和结束。

异步传输以字符为单位传输数据,发送端和接收端具有相互独立的时钟(频率相差不大),并且两者中任一方都不向对方提供时钟同步信号。异步传输的发送器与接收器双方在数据可以传送之前不需要协调:发送端可以在任何时刻发送数据,而接收端必须随时都处于准备接收数据的状态。计算机主机与输入、输出设备之间一般采用异步传输方式,如键盘、RS232串口等等。

同步传输以数据帧为单位传输数据,可采用字符形式或位组合形式的帧同步信号,由发送端向接收端提供专用于同步的时钟信号。在短距离的高速传输中,该时钟信号可由专门的时钟线路传输;而在长距离的信号传输过程中,比如在计算机网络中采用同步传输方式时,常将该时钟同步信号插入数据信号帧中,在接收端可以通过提取该同步信号来实现与发送端的时钟同步。

为了实现同步,除了在通信设备中要相应地增加硬件和软件外,还时常要在信号中增加使接收端同步所需要的信息。这意味着在我们所发送的信息中,同步信号占据了一部分位置,这样降低了信息传输速率,带来了系统可靠性的提高。

信息安全

通信保密的目的是保证信息传输的安全,这在通信过程中是非常重要的。历史经验告诉我们,如果通信不能够保密,那么将会带来严重的后果。比如,在第一次世界大战中,俄国军队没有意识到通信保密的重要性,在他们军队中采用明码电报进行通信。结果情报被德军截获,俄国军队遭到了德军优势兵力的伏击,整个集团军被吃掉了。所以信息在传输之前要进行加密,这无论是对于军事、政治、商务活动,还是对于私人事务都是非常重要的。

信息安全综合起来说,就是要求在通信过程中能够保证信息及信息系统确实为授权使用者所用,所传送的信息不会泄漏给未经授权的人,也不会被未经授权的人篡改,同时还可以对信息及信息系统实施安全监控。信息安全的理论基础是密码学,密码学是保密通信的泛称,包括密码编码学和密码分析学两个方面。为了防止接收到的信息被伪造和篡改,需要对其进行认证。认证的目的就是验证我们所接收到的信息是否是由指定的发送者发出的,在传输过程中是否保持了原样。认证技术包括消息认证、身份认证和数字签名三个方面。现在被广泛用于计算机网络和电子商务中。

密码编码学主要研究如何对需要发送的消息进行加密,以及在接收端如何将收到的已加密的消息进行解密。没有被加密的原始消息一般称为明文,而经过加密以后的信号则被称为密文,用于加密的数据通常就是我们所说的密码。在数字通信中,信息加密和解密的基本算法是异或运算,比如加密过程实际上就是明文和密码进行逐位异或运算的过程,而解密过程是密文和密码进行逐位异或运算的过程。其具体运算方式如下:

发送端：　　　明文： 1 0 1 0 0 1 0 0
　　　　　　　密码： 1 1 1 0 0 0 1 0
　　　　　　　对明文和密码进行异或运算
接收端：　　　密文： 0 1 0 0 0 1 1 0
　　　　　　　密码： 1 1 1 0 0 0 1 0
　　　　　　　对密文和密码进行异或运算
　　　　　　　恢复后的数据：1 0 1 0 0 1 0 0

通常加密变换可用一个或几个密钥表示。

密码分析学研究如何破译密文，或者伪造篡改密文并发往接收端，使它被当做真的密文接收。在第二次世界大战中，美国通过破译日本用于军用电报加密的"紫色密码"提前知道了日本要进攻中途岛的计划，并做出了相应的部署，结果日本海军遭到毁灭性的打击，包括四艘重型航母在内的大量舰船被击沉。

普通的保密通信系统使用一个密钥，这种密码称为单密钥密码。通信双方都知道该密钥，但是其他人不知道，发送端通过该密钥给待发信号加密，接收端通过该密钥解密。如果信号在中途被第三方截获也没有关系，因为如果没有密钥就无法获得里面的真实信息。

另一种密码称为公共密钥密码，也称为双密码密钥。这种方式与前一种的区别在于，收发两端采用不同的密钥。这使密钥分成两部分：一个公共部分（公钥）和一个秘密部分（私钥），顾名思义，公钥是指可以给很多人提供的密钥。相反，私钥是特定个人所独有的。比如现在有的移动营业厅设置了话费和清单查询终端，把所有的数据信息都通过公钥加密发送到终端上，没有公钥是不能改动终端上数据的。而手机用户只有通过输入自己设定的密码（私钥），才能查询该手机的话费清单和通话记录，其他人不知道密码就不能看到这些保密的信息。所以这种加密方式主要用于证书制作和电子签名。

电路交换和分组交换

自1876年美国贝尔发明电话以来，随着社会需求的日益增长和科技水平的不断提高，电话交换技术处于迅速的变革和发展之中。其历程可分为三个阶段：人工交换、机电交换和电子交换。在最初建立电话网的时候，是没有自动交换机的,那时候要完成电话的接续,往往是通过接线员人工把两条电话线接到一起,通话完毕后再通过拆线恢复原状。机电交换机发明后实现了自动交换,提高了接续的效率。但是由于采用机电结构,此类交换机的磨损比较严重,噪声比较大。所以这种交换方式也被淘汰了,当今的交换方式是以电子交换为基础的。下面我们来了解一下当前通信网中采用的两种交换方式:电路交换和分组交换。

以电路连接为目的的交换方式是电路交换方式。电话网中就是采用电路交换方式。我们可以打一次电话来体验这种交换方式。打电话时,首先摘下话机拨号。拨号完毕,交换机就知道了要和谁通话,并为双方建立连接,等一方挂机后,交换机就把双方的线路断开,为双方各自开始一次新的通话做好准备。因此,我们可以体会到,电路交换的动作,就是在通信时建立(即连接)电路,通信完毕时拆除(即断开)电路。至于在通信过程中双方传送信息的内容,与交换系统无关。

举例来说,我们假设有 A、B 两个城市,每个城市都有一部交换机并有一千个用户,两个交换机之间用 100 条中继线连接着。那么,如果我们说:在 A 城的两个用户之间建立一条电路,我们指的是把两条用户线路通过 A 城的交换机连接起来。但当我们说:在 A 城的一个用户和 B 城的一个用户之间建立一条电路时,我们指的就是由 A 城的用户线路经 A 城交换机连接到 A、B 城之间的一条中继线路,再经 B 城交换机连接到 B 城的用户线路上。由于经济上的原因,中继线路总是大大少于用户线路,并且为所有用户所共享。那么,当我们占用了一条中继线路以后,即使我们不传送信息,别人也不能使用,这就是电路交换最主要的缺点。

分组交换技术是在计算机技术发展到一定程度,人们除了打电话直接沟通,通过计算机和终端实现计算机之间的通信,在传输线路质量不高、网络技术手段还较单一的情况下应运而生的一种交换技术。

分组交换也称包交换,它是将用户传送的数据划分成一定的长度,每个部分叫做一个分组。在每个分组的前面加上一个分组头,用以指明该分组发往何地址,然后由交换机根据每个分组的地址标志,将它们转发至目的地,这一过程称为分组交换。进行分组交换的通信网称为分组交换网。从交换技术的发展历史看,数据交换经历了电路交换、报文交换、分组交换和综合业务数字交换的发展过程。分组交换实质上是在"存储—转发"基础上发展起来的。它兼有电路交换和报文交换的优点。分组交换在线路上采用动态复用技术传送按一定长度分割为许多小段的数据——分组。每个分组标志后,在一条物理线路上采用动态复用的技术,同时传送多个数据分组。把来自用户端的数据暂存在交换机的存储器内,接着在网内转发。到达接收端,再去掉分组头将各数据字段按顺序重新装配成完整的报文。分组交换比电路交换的电路利用率高,比报文交换的传输时延小,交互性好。

在分组交换方式中,由于能够以分组方式进行数据的暂存交换,经交换机处理后,很容易实现不同速率、不同规程的终端间通信。与传统的交换方式相比,分组交换具有线路利用率高、不同种类的终端可以相互通信、信息传输可靠性高、可实现分组多路通信、计费与传输距离无关等优点,成为当今通信的一种主流交换方式。

同步数字系列

同步数字系列(Synchronous Digital Hierarchy,简称SDH)是当今世界通信领域在传输技术方面的一个发展热点,SDH技术的出现完全改变了光通信的方式。

SDH是一个将复接、线路传输及交换功能结合在一起并由统一网络管理系统进行管理操作的综合宽带信息网。SDH是实现高效、智能化、维护功能齐全、操作管理灵活的现代电信网的基础,是未来信息高速公路的重要组成部分。所谓SDH是由一些SDH网元组成的,在光纤(或无线)上进行同步信息传输、复用、分插和交叉连接的网络。它有全世界统一的网络节点接口和一套标准化的信息结构等级,专用于网络的维护管理,采用同步复用结构并具有横向兼容性,因而能够灵活动态地适应任何业务和网络的变化,是一种理想的新一代传输体制。传统的准同步数字体系(PDH)由于存在一些难以克服的弱点,诸如缺乏标准接口,僵硬的复用结构和极其有限的网管能力等,无法形成网络规模,而且网络生存性较差,将逐渐被淘汰。自1988年SDH成为世界性标准以来,ITUT已经颁布了涉及网络、设备、接口、性能、同步、保护和网管等一套15个建议,而且日臻趋于完善。目前,SDH已成为公认的未来信息高速公路的主要物理传送平台。

SDH 技术与我们原来所用的 PDH（准同步数字体系）相比，具有较大的优越性，主要表现在以下几个方面：

（1）SDH 具有世界标准，使 1.5 Mbit/s 和 2 Mbit/s 两大数字体系在 STM1 上得到统一。

（2）高度灵活性。SDH 传输网具有信息透明性，可以传输各种净负荷及混合体。

（3）灵活的复用映射结构，使各种业务能灵活上下。

（4）SDH 设备使用指针调整技术，可以容忍各路信号频率和相位上的差异。

（5）SDH 设备能容纳各种新的业务信号，如宽带 ISDN、FDDI（光纤分布式数据接口）、ATM（异步转移模式）等。

（6）SDH 帧结构网络的操作、维护、管理功能大大加强，便于集中统一管理，大大节约了维护费用。

（7）由于 SDH 网络大都采用自愈环的网络结构，因此可靠性高，业务恢复时间短，经济性好，适应于现代传输网的发展趋向。

光纤通信

光通信就是以光波为载波的通信，与电通信相似，光通信也可以分成"有线光通信"和"无线光通信"两类，前者是以大气作为信息传输的介质，后者以光纤作为信息传递的介质。随着信息时代的到来，光纤通信技术从光通信中脱颖而出，与卫星通信和微波接力一起，成为现代远距离干线通信的三大支柱，在现代电信网中起着举足轻重的作用。

光纤即为光导纤维的简称。光纤通信是以光波作为信息载体，以光纤作为传输媒介的一种通信方式。从原理结构上看，构成光纤通信系统的基本物质要素是电端机、光端机、光中继器和光纤。发送端的数据信号通过编码，在电端机中完成信号复接和多路复用，将待传输的信号变换成多路复用的高次群码流，再通过激光二极管或发光二极管将该电信号变成光脉冲，将光信号耦合进入光纤传输信道中，以光纤作为路径传送到接收段。在这个过程中，如果传输路径较长，还应该在途中增加一个或者若干个光中继器，对传输的信号进行再生转发，保证信号到达接收端时还能保持较低的误码率。到达接收端后通过光电监测器,将光信号还原成电信号,再经过与发送端相反的步骤,最终恢复成与输入信号相同的输出信号。

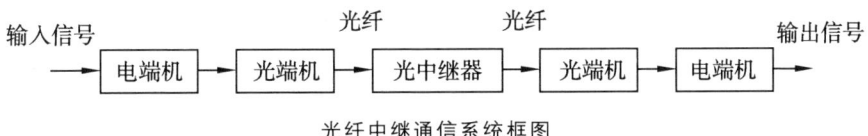

光纤中继通信系统框图

在该系统中,光纤是主要的传输媒质。1966年英籍华裔科学家高锟和霍克哈姆发表了一篇关于光传输介质的论文,指出了利用光纤进行信息传输的可能性和技术途径,奠定了光纤通信的基础。在此后的十几年中,光纤的传输损耗逐渐降低,渐渐被广泛用于通信系统中。目前的光纤是由高纯度的石英玻璃拉制而成的,直径约为125微米,通常由纤芯、包层和涂敷层构成,成品光纤的外面通常还有缓冲层和套塑层用来保护光纤。光信号在光纤中利用全反射的原理向前传输,只要入射光的入射角足够小就不会产生泄漏。单根的光纤由于线径小、强度差,不能满足工程的需要。所以在实际应用中往往需要把多根光纤和一些加强部件共同构成光缆,同时外面加上保护层,使它具有一定的强度,能在不同的环境中可靠的工作。具有代表性的光缆包括层绞式光缆、单位式光缆、骨架式光缆和带状光缆等。可根据不同的需要选择使用。光端机是光发射机和光接收机的总称,它的主要功能是完成光/电和电/光转换,通常光发射机和接收机是在一起的。光端机除了可以发射与接收光波之外,还具有一些辅助功能,比如公务联络、监控、告警、倒换和区间通信等。光中继器的作用是接收经过长距离传输已经衰减的信号,将其放大、整形之后从新送入光纤中继续传输。光中继器的工作方式有两种:光电中继和光放大,两者的不同之处就是光电中继要把接收下来的光信号转换成电信号后,进行处理和放大,而光放大中继器可以将接收下来的光信号直接处理放大,就可以送到光纤上继续传输了。

光纤通信之所以发展迅猛,主要缘于它具有以下特点:

(1) 通信容量大,传输距离远。

(2) 信号串扰小,保密性能好。

(3) 抗电磁干扰,传输质量高。

(4) 光纤尺寸小,重量轻,便于敷设和运输。

(5) 材料来源丰富,环境保护好。

（6）无辐射，难于窃听。

（7）光缆适应性强，寿命长等。

光纤通信的这些优点使得它已经成为建设我国"信息高速公路"的主要通信传输方式。

光纤和光缆

光纤是由高纯度的石英玻璃拉制而成的，直径约为 125 微米，由纤芯、包层和涂敷层构成。成品光纤的最外层往往还包有缓冲层和套塑层，用以保护光纤。纤芯和包层是两种不同折射率的石英玻璃，包层的折射率要小于纤芯的折射率，只要入射光的入射角足够小，就会在两种介质的分界面上发生全反射，这就使光线信号不会从纤芯中泄漏出去，而能够一直沿着光纤传输。

光纤可以按照不同的属性进行分类。

根据管线断面折射率的不同，可分为阶跃型光纤和渐变型光纤。阶跃型光纤纤芯的折射率和保护层的折射率都是一个常数。在纤芯和保护层的交界面，折射率呈阶梯形变化。渐变型光纤纤芯的折射率随着半径的增加按一定规律减小，在纤芯与保护层交界处减小为保护层的折射率。纤芯的折射率的变化近似于抛物线。

按照光纤中光信号的传输模式划分，可以分为单模光纤和多模光纤。单模光纤的纤芯直径很小，在给定的工作波长上只能以单一模式传输，传输频带宽，传输容量大。多模光纤是在给定的工作波长上，能以多个模式同时传输的光纤。与单模光纤相比，多模光纤的传输性能较差。

光纤与传统的电线电缆相比具有诸多优点，比如：通信容量大、传输损耗低、泄露小、保密性好、抗干扰能力强等。但是同时光纤的连接方式也比较复杂，常见的光纤连接方式包括：① 可以把光纤接入连接头并插入光纤插座实现连接。这种方式下在连接头要损耗 10% 到 20% 的光，但是它使重新配置系统很容易。② 可以用机械方法将其接合。方法是将两根切割好的光纤的一端放在一个套管中，然后钳起来。可以让光纤通过结合处来调整，以使信号达到最大。机械结合需要训练过的人员花大约 5 分钟的时间完成，光的损失大约为 10%。③ 两根光纤可以被融合在一起形成坚实的连接。融合形成的光纤和单根光纤差不多是相同的,但也有一点衰减。对于这三种连接方法,结合处都有反射,并且反射的能量会和信号交互作用。

光导纤维的线径比较小,机械强度比较差。为了能够在工程中使用,往往需要把多根光纤和一些加强部件共同组成光缆,使它具有一定的强度,并且能适用于不同的环境。光缆是数据传输中最有效的一种传输介质,常见的通信光缆的结构有层绞式光缆、单位式光缆、骨架式光缆和带状式光缆,可以根据不同的使用环境选择不同的光缆。

由于光缆传输具有巨大传输容量,同时还具有不怕电磁干扰和保密性强等优点,所以光缆已经成为下一代通信网络的物理基础。传统的单模光纤在适应超高速、长距离传送网络的发展需要方面已暴露出力不从心的态势,开发下一代新型光纤已成为开发下一代网络基础设施的重要组成部分。目前,为了适应干线网和城域网的不同发展需要,已出现了非零色散光纤和无水吸收峰光纤等不同的新型光纤,这些新型光纤的出现为将来的通信基础网络奠定了坚实的基础。

无线电频段的划分

手机和收音机都是使用无线电波进行信号传输的,收音机能够接收到手机的信号吗?回答是不可以的,原因是手机和收音机虽然都是使用无线电波进行通信,但是它们使用的频段是不一样的,相互之间距离很远,不可能互相影响。那么无线电资源到底是如何划分的呢?

无线电频率的资源可以说是无限的,但是由于目前科技水平所限,仅仅只能利用其中的一部分。然而每天世界各国都有非常大数量的各种业务的无线电台在工作,其中包括国际的、政府的、商用的,还有相当数量民用电台、广播电台、电视台以及上百万部的业余电台。如果不进行管理划分,将一片混乱,使谁也不能很好地进行通信或接收。为了避免这种空中混乱,使频率资源得到充分利用,并防止互相干扰,必须对整个无线电频带进行划分、分配和管理。国际上负责实施这项工作的机构是"国际电信联盟"简称ITU。各地区及全世界ITU成员国定期召开世界无线电行政会议,通过决议来调整频段的划分。

根据不同的传播特性和不同的使用业务,对整个无线电频谱进行划分,可分为8段：甚低频（VLF）、低频（LF）、中频（MF）、高频（HF）、甚高频（VHF）、超高频（UHF）、特高频（SHF）和极高频（EHF），对应的波段从甚（超）长波、长波、中波、短波、米波、分米波、厘米波和毫米波（后3种统称为微波）。具体分类情况见下表：

名称	符号	频率	波段	波长	传播特性	主要用途
甚低频	VLF	3～30千赫	甚长波	1 000～100千米	空间波为主	海岸潜艇通信；远距离通信；超远距离导航
低频	LF	30～300千赫	长波	10～1千米	地波为主	越洋通信；中距离通信；地下岩层通信；远距离导航
中频	MF	0.3～3兆赫	中波	1 000～100米	地波与天波	船用通信；业余无线电通信；移动通信；中距离导航
高频	HF	3～30兆赫	短波	100～10米	天波与地波	远距离短波通信；国际定点通信
甚高频	VHF	30～300兆赫	米波	10～1米	空间波	电离层散射（30～60 MHz）；流星余迹通信；人造电离层通信（30～144 MHz）；对空间飞行体通信
超高频	UHF	0.3～3吉赫	分米波	1～0.1米	空间波	小容量微波中继通信；（352～420 MHz）；对流层散射通信（700～10 000 MHz）；中容量微波通信（1 700～2 400 MHz）；移动通信
特高频	SHF	3～30吉赫	厘米波	10～1厘米	空间波	大容量微波中继通信（3 600～4 200 MHz）；大容量微波中继通信（5 850～8 500 MHz）；数字通信；卫星通信；国际海事卫星通信（1 500～1 600 MHz）
极高频	EHF	30～300吉赫	毫米波	10～1毫米	空间波	再入大气层时的通信；波导通信

短波无线电波通信

无线电广播普遍采用短波波段的无线电波进行通信,短波是指波长为100~10米(相应的频率为3~30兆赫)的无线电波。它既可沿地表面传播,称为地波传播。也可由电离层反射传播,称为天波传播。而在这两种传输方式中,短波电离层反射传播是当前短波通信的主要方式。

电离层对不同频率电波的作用不一样,频率低的电波会被电离层吸收掉,频率很高的电波则会穿透电离层而射向太空,有去无回。只有2兆赫到30兆赫的短波频率有可能被电离层反射回地球,达到超视距的远距离通讯。在短波电离层反射传播方式中,地面无线站天线按照一定的仰角把信号发向空中,当短波信号到达电离层的时候发生反射传回地面,我们利用另一个天线就可以接收到这个信号完成通信。由于电离层在距离地面80~500千米的高空中,所以电波借助于电离层的反射能传播到很远的距离。例如,经过电离层一次反射可达4 000千米,两次反射就能达8 000千米。所以,电离层反射的短波传播的特点就是通讯距离远,利用简单的设备和天线,只需要很小的功率就可以进行全球的通讯了。

但是,短波电离层传输通信方式也有自身的缺点,这主要是由它的信道特性引起的。电离层是由太阳放射的高能辐射(主要是紫外线)使地球上空的空气电离而形成的,因此电离层受太阳昼夜和四季等的变化影响很大。这造成了短波信号传播不稳定、容易产生衰落、受太阳昼夜和四季等的变化影响大、信道干扰噪声大等缺点。在数字通信方式下,这些缺点对系统的影响更大,会在数据传输时产生码间干扰和大量的误码。同时,由于短波信道带宽有限,射频频谱非常拥挤,信道间互相干扰严重。这导致传统的短波通信只适合于进行电话通信、低速数据传输和电报,而不适合于多媒体通信和宽带数据传输业务。20世纪60年代卫星通信问世后,短波通信一度处于发展低潮。

随着微型计算机、移动通信和微电子技术的迅猛发展,促进了短波通信技术的更新,20世纪80年代以来,人们利用微处理器、数字信号处理(DSP)、自适应技术、跳频技术,不断提高短波通信的质量和数据传输速率,增强自动化、新业务功能,提高自适应与抗干扰能力,使现代短波通信重新焕发青春。各国竞相推出和装备各种短波自适应和跳频电台，我国也研制出了短波自适应通信系统、频率管理预报系统、跳频系列电台，提高了短波通信的频带利用率、数据传输速率、抗干扰能力，加强了网络建设，使短波无线电通信逐渐适应当前通信的需要，呈现出了勃勃的生机。

微波通信

微波通信是无线电通信的一种，它是使用波长在0.1毫米至1米之间的电磁波——微波进行的通信。

微波通信不需要传输线，只要通信终端两点间直线距离内没有障碍，就可以使用微波来传输信号。由于微波通信具有信道容量大、通信质量好、传输距离远等优点，它成为国家通信网的一种重要通信手段，同时也普遍适用于各种专用通信网。由于微波的频率极高，波长很短，所以它在空中的传播特性与光波相近，也就是说它会像光线那样沿着直线前进，当遇到阻挡时就会被反射或阻断，因此微波通信的主要方式是视距通信，超过视距以后就需要进行中继转发。微波在空间沿直线传播，由于地球表面是个曲面，而且当微波空间传输的时候损耗比较大，因此其他的传输距离将受到限制，一般只有50千米左右。在工程中每隔50千米左右就需要设置微波中继站，将电波放大转发而延伸——这种通信方式也称为微波中继通信或微波接力通信。长距离微波通信干线可以经过几十次中继而传至数万米仍可保持很高的通信质量。

微波站的设备包括天线、收发信机、调制器、多路复用设备以及电源设备、自动控制设备等。为了把电波聚集起来成为波束，送至远方，一般都采用抛物面天线，其聚焦作用可大大增加传送距离。

根据微波通信系统采用的多路复用方式的不同，微波通信可以分为模拟微波通信系统和数字微波通信系统两种。早期的微波通信系统采用的是模拟通信方式，随着技术的进步，模拟微波通信逐渐被淘汰，数字微波通信逐步成为微波通信的主流。在通信过程中，数字微波系统首先通过采用多路复用技术可以将多路话音信号合并成一路复用信号，然后经过数字调制器调制于发射机上，在接收端经数字解调器可以还原成多路电话。最新的微波通信设备，其数字系列标准与光纤通信的同步数字系列（SDH）完全一致,称为 SDH 微波。这种新的微波设备在一条电路上,8 个束波可以同时传送 3 万多路数字电话电路(2.4 吉比特每秒)。

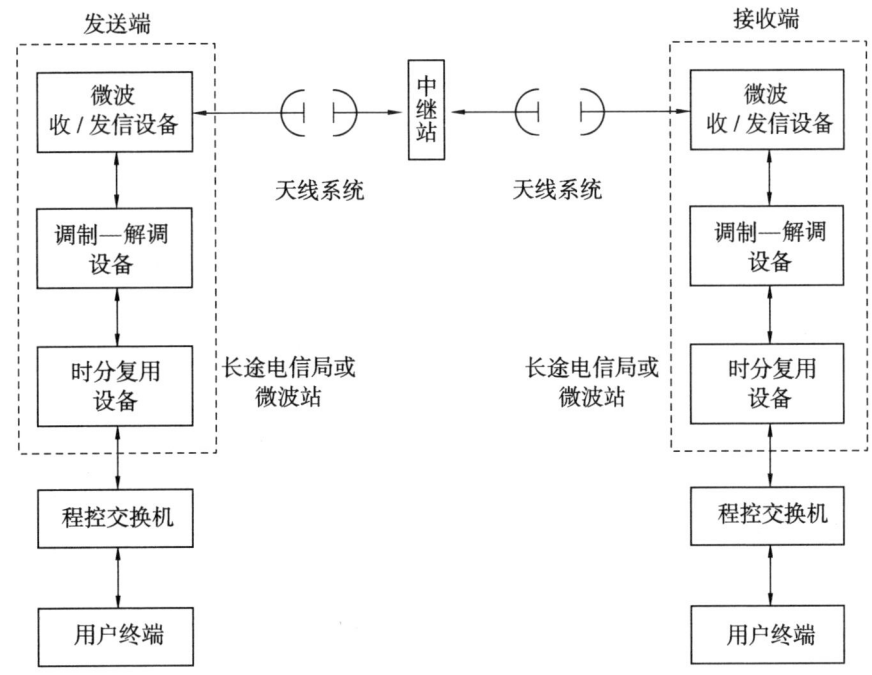

微波中继通信系统框图

卫星通信

卫星通信是在地面微波中继通信的基础上发展起来的,它实际上就是地面微波通信站间利用卫星作为中继站而进行的微波通信。

卫星通信系统由卫星和地球站两部分组成。卫星在空中起中继站的作用,即把地球站发上来的电磁波放大后再送回另一地球站,地球站则是卫星系统形成的链路。卫星根据运行轨道的不同可以分为异步卫星和同步卫星两种。异步卫星通常用于气象、勘探和军用;而同步卫星常用于民用,它位于赤道上空 3 600 千米的圆形轨道上,绕地球运行一周的时间恰好与地球自转一周(23 小时 56 分 4 秒)的时间一致,从地面看上去如同静止不动一样,所以又称为静止卫星。理论上只要 3 颗相距 120 度的同步卫星就能覆盖整个赤道圆周,完成地球上各个国家的无线电中继通信,故卫星通信易于实现越洋和洲际通信。

与地面通信常用的中短波无线电广播系统不同,卫星通信一般工作在微波波段,早期的卫星通信主要使用 C 波段(上行中心频率 4 吉赫,下行中心频率 6 吉赫),但是随着通信需求的增长,该波段已经十分拥挤,所以现在 Ku 波段(11/14 吉赫)和 Ka 波段(20/30 吉赫)也已经被开发出来用于新的民用卫星通信和广播业务。由于卫星就是在太空的无人值守的微波通信中继站,所以卫星通信的主要优缺点大体上和地面微波通信的差不多。其优点是:通信距离远,且通信费用与通信距离无关;卫星通信的频带很宽,通信容量很大,可适用于多种通信业务传输;信号所受的干扰小,信道稳定可靠,通信质量高;覆盖面积广,组网方式灵活。其缺点是:卫星的发射与控制技术复杂,成本高;卫星的使用寿命短;信号的延迟与回波干扰严重等。

在整个卫星通信系统中,卫星无疑是其中最关键的部分,一般在卫星上设置若干个转发器。每个转发器的工作频带宽度为 36 兆赫或 72 兆赫,目前的卫星通信多采用频分多址技术(FDMA),不同的地球站占用不同的频率(载波),它适用于点对点大容量的通信。近年来,卫星通信中逐渐越来越多地采用了时分多址技术(TDMA),在这种方式下每一地球站占用相同的频带,但是占用不同的时隙。时分多址技术与频分多址技术相比具有一系列优点:如不会产生互调干扰,不需用上下变频把各地球站信号分开,适合数字通信,可根据业务量的变化按需分配信道,同时可采用数字话音插空等新技术等,这使得它比过去采用频分多址的时候容量增加了 5 倍。卫星通信采用的另一种多址技术是码分多址(CDMA),在这种方式中不同的地球站占用同一频率和时间,使用不同的随机码来区分不同的终端地址。它采用了扩展频谱通信技术,具有抗干扰能力强、有较好的保密通信能力、可灵活调度话路等优点。其缺点是频谱利用率较低。它比较适合于容量小、分布广、有一定保密要求的系统使用。

近年来卫星通信新技术的发展层出不穷,逐渐成为未来全球信息高速公路的重要组成部分。它以其覆盖广、通信容量大、通信距离远、不受地理环境限制、质量优、经济效益高等优点,与光纤通信、数字微波通信一起,成为我国当代远距离通信的主要方式。

GPS 全球卫星定位系统

GPS 是全球卫星定位系统(Global Positioning System)的英文简称。它是美国从 20 世纪 70 年代开始研制的,历时 20 年,耗资 200 亿美元,于 1994 年全面建成,具有在海、陆、空进行全方位实时三维导航与定位能力的新一代卫星导航与定位系统。GPS 的基本定位原理是:利用位于距地球两万多千米高的由 24 颗人造卫星组成的卫星网,向地球不间断地发射定位信号。用户接收到这些信息后,经过计算求出接收机的三维位置、三维方向以及运动速度和时间信息。所以地球上的任何一个 GPS 接收机,只要接收到 3 颗以上的卫星发出的信号,瞬间就可以测算出被测载体的运动状态,如经度、纬度、高度、时间、速度、航向等。

全球卫星定位系统由三部分构成:

(1) 地面控制部分,由主控站、地面天线、监测站和通讯辅助系统组成。

(2) 空间部分,由 24 颗卫星组成,分布在 6 个道平面上。

(3) 用户装置部分,主要由 GPS 接收机和卫星天线组成。

GPS 全球定位系统的主要特点包括:

(1) 全天候。

(2) 全球覆盖。

(3) 三维定速定时高精度。

(4) 快速、省时、高效。

(5) 应用广泛,是迄今为止最好的导航定位系统。

随着 GPS 系统的不断改进,软件、硬件及配套设施不断完善,其应用领域正在不断拓宽。自 GPS 对民间开放以来,各种产品、应用层出不穷,GPS 已经深入国民生产、日常生活的方方面面。主要用途包括:

(1) 测量

GPS 采用了先进的载波相位差分技术,与传统的手工测量手段相比,GPS 技术具有巨大的优势。比如,测量精度高,操作简便,仪器体积小,便于携带,全天候操作,信息自动接收、存储,减少繁琐的中间处理环节,等等。当前,GPS 技术已广泛应用于大地测量、资源勘查、地壳运动等领域。

(2) 交通

GPS在交通领域应用非常广泛。首先,GPS在交通调度方面发挥了重要的作用。出租车、物流配送等行业利用GPS技术对车辆进行跟踪、调度管理,可以合理地配置车辆,迅速响应用户的请求,降低能源消耗,节省运行成本。其次,GPS在车辆导航方面扮演了重要的角色。通过在城市中建立GPS交通控制台,实时地广播城市交通和路况信息,可以使车辆通过该信息进行精确定位,结合电子地图选择最优路径,甚至实现车辆的自主导航。在民航运输中GPS也大展神通,通过GPS接收设备可以使驾驶员着陆时能准确对准跑道,使飞机排列紧凑,提高机场利用率,并引导飞机安全进离场。

(3) 安全和救援

GPS已经被广泛地用于银行、公安和海运等系统,通过它可以及时发现火灾、犯罪现场、交通事故、交通堵塞等紧急状况的突发地点,从而对火警、救护、警察进行应急调遣,提高对紧急事件的响应效率,将损失降到最低。

(4) 农业

把GPS技术引入农业生产,可以准确地获取农田信息,比如产量监测、土样采集等。通过计算机系统的分析处理,可以控制带有GPS的终端农业设备精确地给农田施肥、喷药。当前,发达国家已开始采用这种方法,这就是所谓的"精准农业耕作"。

(5) 娱乐消遣

随着GPS接收机的小型化以及价格的降低,GPS也逐渐走进了人们的日常生活,成为人们旅游、探险的好帮手。

经过20余年的实践证明,GPS系统是一个高精度、全天候和全球性的无线电导航、定位和定时的多功能系统。GPS技术已经发展成为多领域、多模式、多用途、多机型的国际性高新技术产业。在我国,GPS技术作为先进的测量手段和新的生产力,已经融入了国民经济建设、国防建设和社会发展的各个应用领域,成为我国现代化建设的有效辅助手段。

北斗卫星导航系统

2012年12月27日,我国的北斗卫星导航系统[缩写为BDS—BeiDou (COMPASS) Navigation Satellite System]开始为亚太地区提供连续的无源定位、导航和授时服务，与美国的全球定位系统(GPS)、俄罗斯格洛纳斯系统(GLONASS)和欧盟的伽利略系统(GALILEO)一起成为目前的全球四大卫星导航系统，这标志着我国的卫星导航技术已经达到国际先进水平。

北斗卫星导航系统(BDS)是我国自主研发、独立运行的全球卫星导航系统，其前身为我国"九五"计划列项的北斗卫星导航试验系统，该系统于2000年建成，使我国成为世界上第三个拥有自主卫星导航系统的国家。2011年北斗卫星导航系统(BDS)完成全面测试，开始向中国及周边地区提供服务。2012年开始面向亚太大部分地区服务，泰国成为我们的第一位顾客。在已经取得初步成功的基础上，我国将继续按照"质量、安全、应用、效益"的要求稳步推进北斗卫星导航系统的发展战略，计划于2020年左右形成全球覆盖能力。

北斗卫星导航系统(BDS)与传统的卫星通信系统一样，由空间系统、地面系统和用户系统三部分组成。按照既定计划，空间系统由5颗静止轨道卫星和30颗非静止轨道卫星共同构成，目前我国已经成功发射4颗北斗导航试验卫星和16颗北斗导航卫星，初步具备了亚太地区的覆盖能力，并将进一步扩展为全球覆盖。地面端由主控站、注入站和监测站等地面站构成，用于地面系统与空间系统的间信号传输、状态监测和相关控制。用户系统用于提供系统与用户间的接口，由北斗用户终端以及与美国GPS、俄罗斯GLONASS、欧盟GALILEO等其他卫星导航系统兼容的终端组成。

北斗卫星导航系统与其他几个卫星导航系统相比较，更加符合我国实际：第一，覆盖范围。北斗卫星导航系统以我国为主的研发模式，保障了该系统对我国本土的覆盖能力，目前该系统的覆盖范围东经约70度至140度，北纬约5度至55度。第二，系统精度。北斗导航系统精度较高，其三维定位精度约20米左右，授时精度约100纳秒。第三，系统容量。北斗导航系统采用了主动双向测距的询问——应答系统，系统的用户容量为540 000户/小时。第四，服务能力。北斗系统具有双向报文通信功能，用户可以一次传送40~60个汉字的短报文信息，特别适合远洋通信的需要。北斗卫星导航系统建成后，在个人位置服务、气象应用、道路和铁路交通管理、海运和航空运输、应急救援等方面发挥着越来越重要的作用。

通观北斗卫星导航系统设计和建设，具备了自主性、开放性、兼容性和渐进性等重要特性。特别适合我国作为一个地域广阔的发展中国家的功能需求,对于我国经济和国防建设都有着十分重要的意义。

移动通信技术

"出门别忘了带手机,有事就给你打电话。"——现代社会通信技术高度发展,给人们提供了越来越多的便利,使得我们已经不再受到地理位置的局限,真正实现了自由的通信,而给我们带来这种便利通信的技术就是移动通信技术。

所谓移动通信就是指通信的双方或者一方处于运动状态之中或者是暂时处于某一非确定位置上进行的通信。由于移动通信几乎集中了有线与无线通信的最新科技成果,其传输的信息不仅仅限于语音信号,同时还包括了数据、传真图像和多媒体等信息,使得移动通信、卫星通信和光纤通信一起,并称为现代通信的三大支柱。

现有的移动通信方式包括:移动电话系统、集群系统和无绳电话系统。

移动电话系统就是我们通常所说的手机系统,它是当今最流行的移动通信方式,融合了当今有线和无线通信的最先进的技术。当前在我国,移动电话系统主要包括 GSM 系统和 CDMA 系统,我们平时所说的双频手机是指手机可以工作在 900 兆赫(GSM)和 1 800 兆赫(DCS)两种模式下,DCS 系统可以看做 GSM 系统的扩展,它们在原理上是一致的,只不过 DCS 系统的容量是 GSM 系统的 3 倍。而 CDMA 系统的工作原理与这两种系统都不同,它是面向第三代移动通信的一种新的移动电话系统,它的性能更优越,容量也更大。不管是哪种系统,移动电话网络都由下列单元组成:

(1) 蜂窝小区:就是移动用户的基本服务区域单元,通常每个小区配有一个基站,包括发射器、接收器和在蜂窝小区范围内通过无线电通道与用户的移动手机进行通信时所用的其他设备。

(2) 基站控制器:用于连接和控制每一蜂窝小区内的基站。

(3) 移动交换中心:用于基站控制、呼叫、接续控制和路由选择。

(4) 传输线:用于连接移动交换中心、基站控制器、基站和公共电话网(PSTN)。

(5) 移动台:也就是手机,是个人移动通信终端。

集群移动通信是20世纪70年代发展起来的一种较经济、较灵活的移动通信系统,它是传统的专用无线电调度网的高级发展阶段。所谓集群就是使用多个无线信道为众多的用户服务,将有线电话中继线的工作方式运用到无线电通信系统中,把有限的信道动态地、自动地、迅速地和最佳地分配给整个系统的所有用户,以便在最大限度上利用整个系统的信道的频率资源。与移动电话系统相比较,集群系统的最大优点就是它可以实现点到多点的通信,是典型的"一呼百应"。由于集群系统有着自己独到之处,所以它很适合于在各个专业部门,如部队、公安、消防、交通、防汛、电力、铁道、金融等部门作分组调度使用。

无绳电话系统是针对于室内短距离的通信设计的,近几年来通过技术改良,逐渐用于室内外慢速移动的手持终端的通信,它普遍采用小功率、通信距离近的轻便的无绳电话机。在室内它可以通过无线方式把信号传给电话座机,然后通过电话线与远方的接收者联系;在室外,它们可以经过专门设立的通信点与市话用户进行单向或双向的通信。所以无绳电话系统可以看做公用电话系统的无线延伸。

第二代移动通信系统的代表——GSM 系统

目前我国市场上常见的手机主要包括两类:2G 手机和 3G 手机,其中 2G 手机基本都采用了 GSM 系统。

GSM 的全称是全球移动通信系统(Global System for Mobile Communications),它是在第一代模拟移动通信系统的基础之上发展起来的第二代数字移动通信系统。GSM 与第一代移动通信系统的区别在于:它使用数字技术和时分多址传输方法。通过一个特殊的编码器,仿效人类讲话的特点,语音被编码成数字信号。这个传输方法提供了一个非常有效的数据率/信息内容比。作为一种移动通信技术,今天的 GSM 平台取得了史无前例的全球性成功。

那么 GSM 移动通信系统的优点都包括哪些方面呢?

(1) GSM 系统的频谱效率高、容量大,比过去的第一代模拟手机的容量高 3~5 倍。

(2) 通话质量好,由于采用了数字技术,可以使得 GSM 系统的话音质量得到大大地提高。

（3）安全性高,通过使用 SIM 卡以及鉴权、加密等手段,使得 GSM 系统的保密性能增加,成为世界上最安全的公共无线网络系统之一。

（4）可以实现与 ISDN（综合业务数字网）和 PSTN（公用电话网）的互联。

（5）可以更方便地实现漫游。

GSM 是一个生机勃勃的不断发展的标准,虽然系统已经具有这么多的优点,但是它并没有停滞不前,相反它还在不断更新和发展。目前的 GSM 系统已经可以提供高宽带服务,可以提供复杂的数据和多媒体应用,比如我们经常使用的短信以及手机上网等业务。今后的 GSM 将进一步完善这些功能,实现与无线、卫星和无绳系统的互联,提供更宽广的服务空间:包括高速、多媒体数据服务和使此类服务并行的内置支持,以及与因特网和有线网络的无缝一体化。GSM 是一种能为未来提供服务的有力的技术平台家族,可与下一代解决方案直接连接起来,这些方案包括 GPRS（General Packet Radio Services）、EDGE（Enhanced Data for GSM Evolution）和 3GSM 等。与现有的 GSM 系统相比较,第三代系统的主要优点是它们将提供高端服务能力,这些能力包括比现有设备大大增强了的容量、质量和数据速率。视频服务、高速多媒体服务和因特网接入服务的同时使用,缩小移动通信和因特网/计算机之间的差距,使它们连接起来。

正是由于具备了以上优点,在第二代移动通信系统领域内,GSM 成为世界范围内领先的和增长最快的移动通信标准。

第三代移动通信系统(3G)

今天,移动通信已经走进千家万户,给我们的生活带来了巨大的便利,而在移动通信方式中第三代移动通信 3G 格外引人瞩目,成为无线通信产业的最大热点。那么 3G 到底指的是什么呢?

3G(3rd Generation)指第三代移动通信技术,与第二代移动通信系统 2G 相比较,3G 拥有更快的传输速率,其传输速率在高速移动环境中支持 144 千比特/秒,步行慢速移动环境中支持 384 千比特/秒,静止状态下支持 2 兆比特/秒。这使得它能够传输比语音和文字信号信息量更大的图形和影像等多媒体信息,提供丰富多彩的移动多媒体业务,你甚至可以使用3G手机观看电视和电影节目,或者使用手机自带的摄像头与你的朋友"面对面"聊天。在提高了通信系统容量的同时,3G也提供了更好的通信质量,并且在与第二代系统良好兼容的基础上成功地实现了在全球范围内的无缝漫游。

第三代移动通信系统(3G)是以CDMA为核心开发出来的,CDMA是码分多址的英文缩写。第一代移动通信系统采用频分多址(FDMA)的模拟调制方式,这种系统的主要缺点是频谱利用率低,保密性不强,信号质量差。第二代移动通信系统主要采用时分多址(TDMA)的数字调制方式,提高了系统容量,采用了SIM卡来携带用户的信息,增加了系统保密性,同时使系统性能大为改善,但TDMA的系统容量仍然有限,越区切换性能仍不完善。面对用户数目的不断增加和人们对多媒体业务的新的要求,TDMA方式已经显得力不从心。CDMA系统出现以来,以其频率规划简单、系统容量大、频率复用系数高、抗多径能力强、通信质量好、软容量、软切换等特点显示出巨大的发展潜力,并且成为第三代移动通信系统的技术基础。目前国际电联接受的3G标准主要有以下四种:WCDMA、CDMA2000、TD-SCDMA和WiMAX。下面分别介绍一下3G的几种标准:

(1) WCDMA:全称为Wideband CDMA,这是基于GSM网发展出来的3G技术规范,是欧洲提出的宽带CDMA技术,它与日本提出的宽带CDMA技术基本相同,目前正在进一步融合。该标准提出从GSM(2G)—GPRS—EDGE—WCDMA(3G)的演进策略发展而来(GPRS是"通用分组无线业务"的简称,EDGE是"增强数据速率的GSM演进"的简称,这两种技术被称为2.5代移动通信技术)。WCDMA是一种异步CDMA系统,没有GPS功能,带宽为5兆赫,在我国的频段为1 940~1 955兆赫(上行)、2 130~2 145兆赫(下行)。WCDMA是当前世界上采用的国家及地区最广泛的、终端种类最丰富的一种3G标准,占据全球80%以上市场份额。

(2) CDMA2000:它是由美国提出的,是从窄带CDMA(CDMA IS95)技术发展而来的宽带CDMA技术。该标准提出了从CDMA IS95(2G)—CDMA20001x—CDMA20003x(3G)的演进策略。其中CDMA20001x被称为2.5代移动通信技术。CDMA20003x与CDMA20001x的主要区别在于应用了多路载波技术,通过采用三载波使带宽提高。CDMA2000 为同步 CDMA 系统,有 GPS 功能,带宽为 1.25 兆赫,在我国的频段为 1 920～1 935 兆赫(上行)、2 110～2 125 兆赫(下行)。

（3）TD-SCDMA：全称为 Time Division——Synchronous CDMA(时分同步 CDMA),它是由我国大唐电信公司提出的 3G 标准,该标准提出不经过 2.5 代的中间环节,直接向 3G 过渡,非常适用于 GSM 系统向 3G 升级。TD-SCDMA 为同步 CDMA 系统,有 GPS 功能,带宽为 1.6 兆赫,在我国的频段为 1 880～1 920 兆赫、2 010～2 025 兆赫、2 300～2 400 兆赫。

（4）WiMax：全称为 Worldwide Interoperability for Microwave Access——全球微波互联接入,又称为 802.16 无线城域网,是一种宽带无线连接方案。2007 年,WiMax 正式被批准成为继 WCDMA、CDMA2000 和 TD-SCDMA 之后的第四个全球 3G 标准。WiMax 带宽为 1.5 MHz 到 20 MHz,最高传输距离为 50 千米。

2009 年 1 月 7 日,工业和信息化部开始发放 3G 牌照,其中中国移动采用基于 TD-SCDMA 技术制式的 3G 牌照;中国电信采用基于 CDMA2000 技术制式的 3G 牌照;中国联通采用基于 WCDMA 技术制式的 3G 牌照,这标志着中国正式进入了 3G 时代。

第四代移动通信系统(4G)

随着时代的发展,通信网、广电网和互联网三网融合的进程不断加快,通信产业从封闭走向开放,通信业务的移动化、数据化和多媒体化成为主流。与此相对应,移动通信宽带化和宽带网络无线化也成为未来通信发展的必然趋势。4G 通信系统就是在现有的 3G 技术和 WLAN 技术基础上发展起来的,具有更快传输速率、更大通信带宽、更好通信质量、更高智能性和更强兼容性的新一代通信系统。专家预言,4G 通信系统的出现将引领信息产业新的革命。

4G 系统与现在的 3G 系统相比较有什么样的优势呢?总结起来可以包括以下几个方面:

（1）速度快、服务多。1G 是模拟系统,只能传送模拟语音信号。从 2G 开始,移动通信系统开始传输数字信号,其速度最高可达 32 千比特/秒,主要可以传送语音、短信、图片和低速数据信号。3G 系统的传输速率可达 2 兆比特/秒,能够传输网络和视频信息。而到了 4G 系统,传输速率可达 20 兆比特/秒甚至最高达到 100 兆比特/秒,其服务能力必将极大丰富。

(2) 频谱宽、质量高。与前面的 2G 和 3G 系统相比较,4G 系统带宽变得更宽,估计每个信道将会占用 100 兆赫的频谱,相当于 WCDMA 系统的 20 倍。这使 4G 系统提供的语音、数据、影像等无线多媒体通信服务能够有足够的带宽保障,避免了因为带宽窄,采用压缩技术所引起的品质下降问题。

(3) 高智能、低资费。随着电子制造业的发展,在有了 4G 系统支持的条件下,手机将颠覆以往的形象,成为名副其实的智能终端。它可以完成实现随时随地的通信,也可以高速地传输数据、图画、影像等相关资料,还可以根据你目前的位置自动获取周围信息,为你下一步决定提供方便。同时,由于采用了新的通信技术,它的资费有望比 3G 更加便宜。

4G 通信系统的核心技术为长期演进技术,其英文名为 Long-Term Evolution(LTE)。之所以称其为演进技术是因为 LTE 没有推翻现有的 3G 技术,而是在其基础上进行改进和提高,也就是所谓的"演进"。回顾移动通信的历史,移动通信技术其实一直是在不断演进的,从 2G 时期的 GSM、GPRS、EDGE,到 3G 时期的 WCDMA、HSDPA,到 LTE,移动通信系统总是在不断地完善和进化之中。与 3G 系统相比较,LTE 采用了 OFDM(Orthogonal Frequency Division Multiplexing)即正交频分复用技术和 MIMO(Multiple-Input Multiple-Out-put)即多输入多输出技术,用来增强空中接入能力,使得系统能够在 20 兆赫信道带宽下提供 100 兆比特/秒的下载速率和 50 兆比特/秒的上传速率,在提高 3G 小区容量的同时,也有效地降低了延时。

即使如此,LTE 技术仍然不能代表 4G,从严格意义上来讲它应该算 3.9 G 移动通信技术,它的升级版本 LTE-Advanced 称为 4G 更加确切一些。在这一点上 LTE 与 LTE-Advanced 之间的关系有点类似于 CDMA 和 WCDMA 之间的关系。2012 年 1 月 20 日,LTE-Advanced 作为 4G 系统标准被 ITU 正式审议通过,我国提出的 TD-LTE 作为 LTE-Advanced 标准分支之一也被选入该标准之中,这是我国继将 TD-SCDMA 列为 3G 标准之一后,在通信领域取得的又一项重大突破,标志着我国成为信息时代重要的规则制定者之一。LTE-Advanced 是 LTE 技术的演进,完全兼容 LTE,并且将其通信能力进一步提高。LTE-Advanced 系统带宽为 100 兆赫;峰值下行速率为 1 吉比特/秒,峰值上行速率为 500 兆比特/秒;峰值下行频谱效率为 30 比特每秒/赫兹,峰值上行频谱效率为 15 比特每秒/赫兹,并且该系统能够根据环境进行调整和优化,对新频段和较大的带宽也能够很好地支持,为将来的各种 4G 通信业务的开展提供了充分的技术保障。

智能手机

1993 年 IBM 公司推出了一款触摸屏手机——Simon,它采用了 ROM-DOS 操作系统,并且安装了一款名为《Dispatch It》的第三方应用软件。虽然就目前来看,这部手机的功能十分简单,但是它却开启了智能手机和触摸屏手机的大门。

随着信息技术的发展,尤其是 3G 移动通信业务的推广,无线通信技术与互联网等多媒体通信技术进入了深度融合期,新一代的移动通信系统能够提供包括可视电话、无线上网、手机电视、音乐播放、GPS 定位在内的多种功能服务。系统的进步对移动终端提出了更高要求,过去的功能性手机已经不能满足这些业务的需要,于是智能手机应运而生。智能手机在功能上更像是个人电脑,在保留了原有语音和短信功能的同时,它具有独立的操作系统,可以由用户自行安装由第三方服务商提供的各种程序软件,并通过移动通信网络来接入 inter 网,获取网络资源。

从以上描述中我们不难发现,区别于普通的功能手机,智能手机应当具有的功能包括:

(1) 软件支持能力。智能手机具有独立的 CPU 和内存,在本身自带的操作系统的支持下,可以运行相关的程序和软件。比如目前非常热门的安卓系统(Android),该系统是基于 Linux 的自由及开放源代码的操作系统,其应用软件非常丰富,用户可以选择不同的软件实现不同的功能,比如可以使用 Quick office 软件编辑 Word、Excel、PPT 等 Office 文档,比如可以使用 Google 地图软件实现定位和导航功能,比如可以使用财务软件实现理财、记账和网上炒股等。

（2）Web 访问能力。智能手机可以通过 2G、3G 网络或者 Wi-Fi 热点等方式连入互联网，实现数据的下载和传输，充分利用互联网资源为自己的智能化处理提供支持。

（3）PDA 功能。智能手机与 PDA 在功能上有很多相似的地方，都可以完成个人信息管理、日程记事、任务安排、多媒体应用等多种功能。智能手机可以很容易地通过数据线与 PC 终端连接，进行手机电话簿、短信息、音乐、视频等数据的传输、同步和备份，使得智能手机的管理变得及时、简单而且可靠。

为了更好地支持这些功能，对智能手机的硬件组成和软件环境有一定的要求。

在硬件方面，要求智能手机有"聪明的头脑、宽阔的胸怀、充沛的体力、俊朗的外表"。"聪明的头脑"——指的是智能手机的运行速度依赖于高速度、高精度、低功耗的处理芯片，这样才能满足它能够完成电话、短信、音频、视频等各种数据的多任务处理；"宽阔的胸怀"——指的是智能手机要有大的存储容量和存储扩展能力，用来容纳更多的应用软件和相关数据以及大量的图像、音频、视频文件；"充沛的体力"——是指要配备大容量的电池，智能手机本身耗电量就比较大，其 GPS 定位、视频对话、网络电视等许多功能又要依托卫星和联网实现，功耗会进一步提升，只有大容量的手机电池才能满足它的使用时间；"俊朗的外表"——是针对手机屏幕来讲的，为了更好地发挥智能手机的功能，往往配置面积较大的触摸式显示屏，近几年屏幕大小在 10 厘米以上的智能手机已经非常常见，这里就不一一列举了。

在软件和系统功能方面，要求智能手机具有 GPS 定位和导航功能；要求能够安装各种软件，并进行智能识别；要求具有比较容易操作的优秀的人机界面等等。

手机操作系统

操作系统是管理硬件资源，控制程序运行并为用户提供交互操作界面的系统软件的集合。智能手机操作系统与以往的手机系统相比较，在运算能力和功能上要强大得多，具有良好的操作界面，能够方便、快速地完成软件安装卸载，并具有较强的扩展能力。目前市场上常见的智能手机操作系统包括 Android、iOS、Windows Phone、BlackBerry OS 和 Symbian 等。需要注意的是这些系统之间应用软件互不兼容,甚至个人电话本的文件格式也不统一。下面就让我们来认识一下这些常见的手机操作系统吧。

Android(安卓)是由 Google(谷歌)和开放手持设备联盟共同开发,并由 Google 独家推出的智能操作系统,是一种基于 Linux 的自由及开放源代码的操作系统。该平台由操作系统、中间件、用户界面和应用软件组成,可以用于智能手机、平板电脑、数码相机等各种移动及数码设备上。与其他系统相比较,Android 具有很多优势,比如它自带的 Google 地图、邮件、搜索等功能十分强大。但是最大的优势还在于 Android 平台是完全开放的,众多开发者和移动终端厂商都乐于使用这个系统设计产品、开发应用软件,甚至根据自身需要进行个性化设计,例如米柚、阿里云 OS、深度 OS、乐 OS、OMS 等都是中国厂商基于安卓智能操作系统开发的第三方智能操作系统。截至 2012 年 11 月,Android 已经占据全球智能手机操作系统市场份额的 76% 和中国市场份额的 90%,均稳居第一。

iOS 是由苹果公司研发推出的智能操作系统,是一种基于 Darwin 的封闭源代码的操作系统,由苹果公司独家采用,主要用于 iPhone、iPod touch、iPad 以及 Apple TV 等苹果产品上。iOS 系统的界面非常优雅和直观,而且从一开始就采用多点触控技术,使用户能够更好地用手指进行屏幕操作。与安卓系统相反,iOS 选择了封闭源代码,这导致它扩展性不足,无法定制界面(UI),但同时保证了系统的稳定性和安全性,这与 iPhone 定位高端手机市场,走个性化路线的初衷是一致的。需要特别指出的是,虽然 iOS 不支持开放源代码,但是并不妨碍它拥有数量庞大的移动应用程序(app),它本身内置的和应用商店(app store)所能够提供的应用程序合起来可以达到 700 000 多款,足以满足用户的各种应用需求,当然,其中许多是收费的。

Windows Phone 是由微软公司研发推出的智能操作系统,是一种基于 Windows NT 的封闭源代码的操作系统。2011 年,诺基亚与微软达成全球战略同盟并深度合作,全力推广 Windows Phone 系统,与谷歌的 Android 系统和苹果的 IOS 系统争夺市场。Windows Phone 具有桌面定制、图标拖拽、滑动控制等一系列前卫的操作方式,同时借助微软公司和诺基亚公司的技术优势,完成了内置 IE10 移动浏览器、诺基亚地图、Xbox Live 游戏、Xbox

Music 音乐等一系列整合,加强了对多核处理器和高分辨率屏幕等硬件的支持,完善了商务与企业、儿童模式等一系列功能。正如史蒂夫·鲍尔默所说:"全新的 Windows 手机把网络、个人电脑和手机的优势集于一身,让人们可以随时随地享受到想要的体验。"近几年,Windows Phone 的市场占有率不断上升,正逐渐逼近 iOS 的市场份额。

BlackBerry OS 是由 RIM 公司(Research In Motion)研发推出的,专门用于黑莓(BlackBerry)手机的智能操作系统。具有多任务处理能力,并且能够支持滚轮、轨迹球、触摸板以及触摸屏等该手机特定的输入装置。作为一款为全球商务漫游而设计的智能手机系统,BlackBerry OS 支持推动式电子邮件、手提电话、文字短信、互联网传真、网页浏览及其他无线资讯服务。值得注意的是 BlackBerry 采用了双向寻呼模式的移动邮件系统,能够兼容现有的无线数据链路。"911 事件",在其他通信设备几乎全线瘫痪的情况下,美国副总统切尼利用黑莓手机成功地进行了无线互联,即时接收灾难现场的实时信息。这一事件为黑莓手机建立了良好的品牌形象,作为一款不会被窃听的手机,获得了广大商务人士的广泛认可,并带动 BlackBerry OS 成为目前市场主流的手机操作系统之一。

最后,我们还要谈一下 Symbian(塞班)系统,该系统是由塞班公司开发的智能系统,塞班公司被诺基亚公司收购以后,该系统被广泛用于诺基亚手机当中。借助于诺基亚的市场占有率,Symbian 系统一度成为全球第一大操作系统,但是随着 Android、iOS、Windows Phone、BlackBerry OS 等更为先进系统的问世,其市场占有率急剧萎缩,目前世界上已经没有任何新的手机产品使用该系统,诺基亚 808 是最后一款使用 Symbian 操作系统的手机,成为一个时代结束的标志。

佩戴式手机

随着通信技术和电子产品制造技术的发展,尤其是 3G 通信技术的推广,手机正逐渐向智能化、小型化和个性化发展,佩戴式智能手机应运而生。佩戴式手机颠覆了以往传统手机的形象,以人体生理学和人体运动学为基础,充分考虑在特定环境和条件下对手机的外形和佩戴方式的需求,使之更加符合人们的实际需要。目前,已经有多款佩戴式手机成型并投入市场,比如手表式手机和眼镜式手机。

手表式手机是指这类手机的外观类似手表，可以在手腕上佩戴，方便携带。这类手机基本具备了普通通话、短信、多媒体播放、网络浏览、录音摄像等功能，采用触摸式屏幕，但受限于本身体积，屏幕较小。

世界上第一款手表式手机是由韩国三星公司在2001年推出的，其型号为SPH-W10。该手机重量为50克，体积为72×52×22立方毫米，待机时长为80小时，通话时长为90分钟。该手机具有语音拨号、震动提示、耳麦接口等特殊功能，并采用了LCD屏幕、语音命令和超小天线收发转换开关等关键性技术，使用户能够在较小的控制界面下通过语音来完成拨号和相关电话操作。

近年来随着手机智能化发展，智能型的手表手机也开始出现，目前市场上常见的手表手机品牌包括三星、LG、CECT等，苹果公司也曾经于2010年推出一款名为"iwatch"的手表手机。

眼镜式手机顾名思义是指该类手机的外观类似于眼镜，可以像普通眼镜一样佩戴。其代表为Google公司推出的Project Glass。

2012年，Google公司发布了一款名为Project Glass的未来眼镜式智能终端设计概念，并于当年开始对该产品进行测试。这款眼镜手机将智能手机、GPS定位、拍照摄像功能融为一体，同时基于人体生理学设计，配备了头戴式显示系统，数据通过用户右眼方的小屏幕显示，电池被植入镜架之中。在使用的时候，用户可以通过语音命令进行操作，完成通话、短信发送、信息查询、谷歌地图查询等相关功能。更酷的是，由于采用了眼镜式设计，用户只要眨一眨眼，就能完成拍照和录像。这款产品一问世就得到了广大用户的普遍关注。

当然，好的产品常常配以好的价格，第一批用户是在缴纳了1 500美元定金后才取得了试用的资格，所以我们的问题可能是：它什么时候能便宜一点呢？

手机辐射对人体的影响

21世纪的今天，移动电话已经成为大众生活的一部分，由于它功能强大、轻便小巧，在当今社会的普及率非常高。然而凡事有利必有弊，在充分享受手机带来的便利的同时,人们也对手机产生的辐射是否会对人体产生伤害充满疑虑。

手机是一种无线通信设备,它采用微波波段进行通信。根据无线电知识可以知道:适量的电磁辐射对人体伤害不大甚至无害,但是当电磁波频率较高而且场强较强时,它就会对人体造成伤害,导致人的精力和体力减退,甚至引发各种疾病。所以讨论手机是否会对人体造成伤害的关键,就在于把握手机发射功率这个"度"上。目前全球各界对于手机的电磁波检测数据并没有绝对的标准值,也没有统一的规范,目前各界常使用的检测法则,是以特定吸收辐射量"SAR"为主,其中针对脑部的 SAR 标准值必须低于 1.67 瓦特才算安全,但是实际上各个国家的标准并不统一。因此当前围绕手机辐射会不会伤害人体分成了两大派系。

瑞典隆德大学的研究人员对瑞典 233 名脑瘤患者进行调查,发现脑瘤和使用手机确实存在一定关系。调查表明频繁使用手机的患者在大脑侧部产生脑瘤的概率比大脑后部、前部及顶部的发病率都要高。而美国无线技术研究机构公布一系列研究结果也表明,手机辐射同人类脑瘤发生率、人类血液微核细胞增长率以及 DNA 破损率存在一定关系。

但是世界卫生组织声明,迄今为止没有一项研究证实这个论断。唯一能确定的事实是,使用手机能使使用者体温稍有增加,但是手机所产生的高频场不会引起癌症。当然也有例外,即使用心脏起搏器的人要注意,手机可能对心脏起搏器的工作有影响。而此前受英国政府的委托,12 名英国专家研究了这个问题,专家也得出了与世界卫生组织类似的结论,他们认为只要成人合理地使用手机,就不会有损健康。但是他们建议家长应限制儿童和年轻人使用手机,因为他们的神经系统还处于发展阶段,而且他们的头盖骨也比成年人的薄,因而"可能会发生微小的生物学上的变化"。虽然权威机构对手机辐射的危害性并无定论,但是手机辐射必然会产生危害这一点已经被多数专家论证通过,只是危害的程度无法确认。所以应该引起我们足够的重视。那么我们应该怎样预防手机辐射呢?以下是我们应该注意的几个方面:

(1)手机对人体的辐射强度跟与人体的距离有关,距离远些,辐射会相应减少。

（2）防磁贴对防止手机辐射没有多大的用处，因为辐射源是手机天线，而把所谓的防磁贴贴在手机听筒上一点用处也没有。

（3）手机信号刚接通时，为了与基站建立联系，往往以最大功率发射搜网信号。所以消费者在使用手机时，信号接通的瞬间最好把手机放在离头部远一点的地方。

（4）不同制式的手机辐射量不同，GSM标准的手机的辐射标准为0.6~2瓦，而采用CDMA技术的手机其辐射标准要小得多，所以CDMA手机被称作绿色手机。

（5）澳大利亚研究人员最近公布的一项研究结果显示，免提耳机可以帮助手机用户减少移动电话释放的90%以上的电磁辐射。

（6）避免儿童和孕妇使用手机，成人使用也要注意时间不宜太长。

当然最终要实现减少和避免手机辐射，还需要依赖我们国家加强对手机辐射以及防辐射方式的研究，尽快地制定出行业标准和相关法规，保护消费者的权益和健康。

手机锂离子电池的特点

近年来，手机技术发展很快，手机也越来越个性化，尤其是为了适合年轻人的需要，彩铃、彩信、红外传输、摄像头、WAP等新鲜技术一个都不能少地加入了手机之中。但是在加入了这么多功能后，我们就被迫面临一个新的问题：手机的电池能不能给这么多的新功能模块提供足够的电能，通俗地说，就是手机在加入了这些新鲜功能后还能不能保证它的待机时间。选择什么样的电池能够保证手机的要求呢？现在最常见的手机电池是锂离子电池，俗称"锂电"，它根据要求可以做成扁平长方形、圆柱形、长方形及扣式，并且可以将几个电池串联在一起组成设备需要的电池组。

锂离子电池同过去手机常用的镍镉电池相比较，具有多方面的优点：首先锂电池的最大特点是比能量高。比能量指的是单位重量或单位体积所能够储存的电能，也称为贮能密度。一般情况下，锂离子电池比镍镉、镍氢电池的比能量高出2~3倍左右。所以采用了锂离子电池，可以大大减小手机的重量和体积，使手机更加便于携带。同时锂电池比镍镉电池具有更长的使用寿命，手机电池的使用寿命不是按年来计算的，而是按电池的充放电次数来计算的。镍镉电池一般可充放电 100～150 次,镍氢电池一般可充放电 200～300 次,锂电池一般可充放电 350～700 次。电池的每次充放电间隔时间越长,电池的寿命就越长。所以,消费者在使用电池时最好是将电池的电量全部使用完再充电,这样也可以避免手机电池的"记忆效应",所谓"记忆效应"是指如果手机电池不将电放光就充电的话,将会导致电池的容量变小的现象。

锂离子电池在充电或放电过程中若发生过充、过放或过流时,常会出现电池膨胀、漏液等异常现象,这些将会直接造成电池的损坏,或降低使用寿命。为此,开发商开发出各种保护元件及由保护集成电路芯片组成的保护回路。它们被安装在电池或电池组中,使电池获得完善的保护。保护回路与单个电池及电池板连成一体,即使充电器或机器本身故障,保护回路也能防止电池破损、漏液、特性劣化。这些保护回路必须装在电池板内,并由专业公司针对不同的电池设计回路。但是即使如此,我们在使用锂离子电池的时候也要注意安全问题。比如不要在强静电的场所使用锂离子电池,以防保护回路的损坏,同时电池最好在 0～45 摄氏度间充电,以保持最佳、最安全的充电状态,否则易损害保护回路,降低电池效能寿命。温度过高,电池就不适合置放在停在烈日暴晒下的汽车中,否则可能损坏电池。

手机 SIM 卡

移动电话机与 SIM 卡共同构成移动通信终端设备。无论是 GSM 系统还是 CDMA 系统,数字移动电话机用户在"入网"时会得到一张 SIM 卡。SIM 卡也称智能卡或用户身份识别卡,数字移动电话机必须装上此卡后才能使用。SIM 卡就是一个在内部包含有大规模集成电路的卡片,卡片内部存储了数字移动电话客户的信息、加密密钥等内容,它可供网络对客户身份进行鉴别,并对客户通话时的语音信息进行加密。SIM 卡的使用完全防止了并机和通话被窃听行为,并且 SIM 卡的制作是严格按照国际标准和规范来完成的,它使客户的正常通信得到了可靠的保障。在没有安装 SIM 卡的情况下,只能拨打如 119、112 这种紧急电话的号码。SIM 卡在系统中的应用使得卡和手机分离,一张 SIM 卡唯一标识一个客户。一张 SIM 卡可以插入任何一部手机中使用,而使用手机所产生的通信费用则自动记录在该

SIM 卡所唯一标识的客户的账户上。

　　SIM 卡采用新式单片机及存储器管理结构,因此处理功能大大增强。其智能特性的逻辑结构是树型结构。全部特性参数信息都是用数据字段方式表达,SIM 卡中存有 3 类数据信息:一是与持卡者相关的信息以及 SIM 卡将来准备提供的所有业务信息,这种类型的数据存储在根目录下;二是 GSM 应用中特有的信息,这种类型的数据存储在 GSM 目录下;三是 GSM 应用所使用的信息,此信息可与其他电信应用或业务共享,位于电信目录下。

　　在日常使用中,一是请勿将卡弯曲,卡上的金属芯片更应小心保护,保持金属芯片清洁,避免沾染尘埃及化学物品;二是为保护金属芯片,请避免经常将 SIM 卡从手机中抽出;请勿将 SIM 卡置于超过 85 摄氏度或低于零下 35 摄氏度的环境中;在取出或放入 SIM 卡前,请先关闭手机电源;三是最好不要用手去触摸那些触点,以防静电损坏。

　　导致 SIM 卡被锁的原因一般都是用户在启动 PIN 码保护功能后不慎将 PIN 码忘记,在错误地输入 3 次 PIN 码后 SIM 卡自动上锁,手机无法接入网络,提示要求输入 PUK 码。此时若您不知道 PUK 码,那么请不要再尝试输入了,请携带有关证件(如身份证)和手机到移动或者联通的营业厅去解锁。若您输入 10 次错误的 PUK 码,那么 SIM 卡的自杀程序将自动启动,将 SIM 烧毁,这样必须重新办理一张新的 SIM 卡。

　　当您遭遇到 SIM 卡遗失或者被窃后这种情况,请立即携带有关证件到移动或者联通营业厅去申请挂失,避免 SIM 卡被盗用后造成经济损失,重新补办一张新的 SIM 卡。

　　出现手机插入 SIM 卡开机后无任何反应或插入 SIM 卡显示出错(Bad Card/SIM Error)时,表示可能 SIM 卡开关不良、接触不良或使用废卡。如果换新卡后故障仍然存在,那么故障一般发生在 SIM 卡供电部分。在 SIM 卡插座的供电端、时钟端、数据端,开机瞬间可用示波器观察到读卡信号,如无此信号,应为 SIM 卡供电开关周边电阻电容元件与卡脱焊问题。SIM 卡在一部手机上可用,在另一部手机上不能用,可能是在手机中已经设置"网络限制"和"用户限制"功能。可以通过网络控制码(NCK)、用户控制码(SPCK)启动该手机的限制功能,这种故障需要网络运营商解决,有时是 SIM 卡供电偏低或接触不良造成的。

手机常用密码

大家平时使用手机的时候都会碰到密码设置的问题,如果不小心输入错误,可能会导致手机"锁机""锁卡"甚至使 SIM 卡报废,那么与手机相关的密码都包括哪些呢?

(1)手机密码。手机密码用来对手机本身锁定,防止手机被盗用,在开启手机密码功能之后,手机开机时需输入手机密码方可使用。常见手机密码的默认值是"1234"或"0000"。在这种锁定状态下手机的 SIM 卡并没有被锁,换句话说,你的 SIM 卡在别的手机中仍然能够使用。

(2)PIN1 码。PIN1 码是由运营商提供的,用于 SIM 卡保密的个人识别码,在开启 PIN1 功能之后,手机开机时需输入 PIN1 码方可使用。PIN1 密码是对 SIM 卡的锁定。如果手机密码和 PIN1 码同时使用,则先输入 PIN1 码,后输入手机密码。如果用户 3 次错误输入 PIN1 码,则 SIM 卡将被锁死,需用 PUK 码来解锁。

(3)PIN2 码。PIN2 码是由运营商提供给 SIM 卡的另一个人识别码,主要用于消除呼叫费用数据、设定通话费的计费币别和计费单位、费用限制功能、限定拨号等,在开启此项设置之后,手机只能拨其中设定的号码而且不能使用电话簿。PIN2 码 3 次输入错误之后将被锁死,需用 PUK 码来解锁。

(4)PUK 码。PUK 码是由运营商提供的用于 PIN1 和 PIN2 解锁的解锁码,是一串无规律的数字序列。若用户连续错误输入 PUK 码,SIM 卡将被永久锁死,只得更换 SIM 卡。(PIN1 码、PIN2 码和 PUK 码均可到电信运营部门查询)

(5)SIM 卡解锁码。在手机中设定可开启 SIM 卡锁定功能,这样用户手机就唯一地对应一张 SIM 卡。为防止未知的 SIM 卡未经允许使用本手机,可开启此功能。当设定这个功能之后,如果手机中的 SIM 卡未经允许,在开机时就要按照提示输入解锁码,默认值是"00000000",用户可以自主设定,如果错误输入密码则不能使用本手机。

蓝牙技术

蓝牙技术中的蓝牙是公元 10 世纪统一丹麦和瑞典的一位斯堪的纳维亚

国王的名字。设计者希望蓝牙技术能像那位国王一样,在无线电科技领域创造新的神奇——各种终端设备不再需要纷乱的连线,只需要通过蓝牙技术就可以实现连接。

所谓蓝牙技术,实际上是一种短距离无线电传输技术。利用蓝牙技术能够有效地简化掌上电脑、笔记本电脑和移动电话手机等移动通信终端设备之间的通信,也能够成功地简化以上这些设备与因特网之间的通信,从而使这些现代通信设备与因特网之间的数据传输变得更加迅速高效,为无线通信拓宽道路。说得通俗一点,就是蓝牙技术使得现代一些便于携带的移动通信设备和电脑设备不必借助电缆就能联网,并且能够实现无线上因特网,同时蓝牙技术的实际应用范围还可以拓展到各种家电产品、消费电子产品和汽车等信息家电,比如可以将电冰箱、微波炉和其他家用电器与计算机网络进行连接,实现智能化操作。蓝牙技术属于一种短距离、低成本的无线连接技术,是一种能够实现语音和数据无线传输的开放性方案,目前已经引起了全球通信业界和广大用户的密切关注。

发明蓝牙技术的是瑞典的爱立信公司。由于这种技术具有十分广阔的应用前景,1998 年 5 月,5 家世界顶级通信/计算机公司:爱立信、诺基亚、东芝、IBM 和英特尔经过磋商,联合成立了蓝牙共同利益集团(Bluetooth SIG),目的是加速其开发、推广和应用。此项无线通信技术公布后,便迅速得到了包括摩托罗拉、3Com、朗讯、康柏、西门子等一大批公司的一致拥护,至今加盟蓝牙 SIG 的公司已达到 2 000 多个,其中包括许多世界上最著名的计算机、通信以及消费电子产品领域的企业,甚至还有汽车与照相机的制造商和生产厂家。一项公开的技术规范能够得到工业界如此广泛地关注和支持,这说明基于此项蓝牙技术的产品将具有广阔的应用前景和巨大的潜在市场。

蓝牙技术产品是采用低能耗无线电通信技术来实现语音、数据和视频传输的,其传输速率最高为每秒 1 兆比特,以时分方式进行全双工通信,通信距离为 10 米左右,配置功率放大器可以使通信距离进一步增加。

蓝牙产品采用的是跳频技术,能够抗信号衰落;采用快跳频和短分组技术,能够有效地减少同频干扰,提高通信的安全性;采用前向纠错编码技术,以便在远距离通信时减少随机噪声的干扰;采用 2.4 吉赫的 ISM(即工业、科学、医学）频段，以省去申请专用许可证的麻烦；采用 FM 调制方式，使设备变得更为简单可靠。蓝牙技术产品一个跳频频率发送一个同步分组，每组一个分组占用一个时隙，也可以增至 5 个时隙；蓝牙技术支持一个异步数据通道，或者 3 个并发的同步语音通道，或者一个同时传送异步数据和同步语音的通道。蓝牙的每一个话音通道支持 64 千比特每秒的同步话音，异步通道支持的最大速率为 721 千比特每秒、反向应答速率为 57.6 千比特每秒的非对称连接，或者 432.6 千比特每秒的对称连接。

蓝牙技术产品与因特网之间的通信，使得家庭和办公室的设备不需要电缆也能够实现互通互联，大大提高办公和通信效率。因此，"蓝牙"将成为无线通信领域的新宠，将因为广大用户提供极大的方便而受到青睐。

计算机是新技术革命的一支主力，也是推动社会向现代化迈进的活跃因素。计算机科学与技术是 20 世纪发展最快、影响最为深远的新兴学科之一。计算机产业已在世界范围内发展成为一种极富生命力的战略产业。

现代计算机是一种按程序自动进行信息处理的通用工具，它的处理对象是信息，处理结果也是信息。利用计算机解决科学计算、工程设计、经营管理、过程控制或人工智能等各种问题的方法，都是按照一定的算法进行的。这种算法是定义精确的一系列规则，它指出怎样以给定的输入信息经过有限的步骤产生所需要的输出信息。

GPRS

GPRS 英文简称为 General Packet Radio Service，中文名称为通用无线分组业务，是一种基于 GSM 系统的无线分组交换技术，提供端到端的、广域的无线 IP 连接。相对原来 GSM 的拨号方式的电路交换数据传送方式，GPRS 是分组交换技术，具有"实时在线""按量计费""快捷登录""高速传输""自如切换"的优点。通俗地讲，GPRS 是一项高速数据处理的技术，方法是以"分组"的形式传送资料到用户手上。GPRS 是 GSM 网络向第三代移动通信系统过渡的一项 2.5 代通信技术，在许多方面都具有显著的优势。

由于使用了分组技术，用户上网相对稳定，避免了不必要的断线带来的困扰。此外，使用 GPRS 上网的方法与 WAP 并不同，用 WAP 上网就如在家中上网，先"拨号连接"，而上网后便不能同时使用该电话线，但 GPRS 就较为优越,下载资料和通话可以同时进行。从技术上讲,声音的传送(即通话)继续使用 GSM,而数据的传送便可使用 GPRS,这样的话,就把移动电话的应用提升到一个更高的层次,而且发展 GPRS 技术也十分"经济",因为只须沿用现有的 GSM 网络来发展即可。GPRS 的用途十分广泛,包括通过手机发送及接收电子邮件,在互联网上浏览等。

GPRS 与 GSM 系统最根本的区别是,GSM 是一种电路交换系统,而 GPRS 是一种分组交换系统。GPRS 特别适用于间断的、突发性的或频繁的、少量的数据传输,也适用于偶尔的大数据量传输。我们可以将 GPRS 理解为 GSM 的一个更高层次。

现在手机上网的口号就是"Always online""IP in hand",使用了 GPRS 后,数据实现分组发送和接收,这同时意味着用户总是在线且按流量计费,迅速降低了服务成本。对于继续处在难产状态的中国移动/联通 WAP 资费政策,如果将 CSD(电路交换数据,即通常说的拨号数据,欧亚 WAP 业务所采用的承载方式)承载改为在 GPRS 上实现,则意味着由数十人共同来承担原来一人的成本。GPRS 的应用,迟些还会配合 Bluetooth(蓝牙技术)的发展。

GPRS 的三大突出优点是:

(1) 数据传输速度。GPRS 手机速度是 GSM 手机的 10 倍,满足用户的理想需求,还可以稳定地传送大容量的高质量音频与视频文件。

(2) 永远在线。由于建立新的连接几乎无须任何时间(即无须为每次数据的访问建立呼叫连接),因而您随时都可与网络保持联系。举个例子,若无 GPRS 的支持,当您正在网上漫游,而此时恰有电话接入,大部分情况下您不得不断线后接通来电,通话完毕后重新拨号上网。这对大多数人来说,的确是件非常令人恼心的事。而有了 GPRS,您就能轻而易举地解决这个冲突。

(3) 按数据流量计费。即根据您传输的数据量来计费,而不是按上网时间计费。也就是说,只要不进行数据传输,哪怕您一直"在线",也无须付费。做个"打电话"的比方,在使用 GSM＋WAP 手机上网时,就好比电话接通便开始计费;而使用 GPRS＋WAP 上网则要合理得多,就像电话接通并不收费,只有对话时才计算费用。总之,它真正体现了少用少付费、多用多付费的原则。

Wi-Fi

Wi-Fi 全称为 Wireless Fdelity,其英文原意为无线保真,但是在通信技术范畴内它指的是"无线相容性认证"。作为一种近距离无线传输技术,Wi-Fi 是由 Wi-Fi 联盟(Wi-FiAlliance)所持有的无线网路通信技术品牌,用来建立基于 IEEE802.11 标准的无线网络产品之间的通信。一般来讲使用 IEEE 802.11 系列协议的局域网就可以称为 Wi-Fi。Wi-Fi 技术是由澳大利亚的 CSIRO 在 20 世纪 90 年代发明的,被誉为澳洲有史以来最重要的科技发明,1996 年该项技术在美国成功申请了无线网技术专利。

Wi-Fi 网络的组建非常简单,只要一个无线网卡和一个桥接器就可以实现。以家庭用户为例,只需要将无线路由器接到小区宽带或者 ASDL 有线网络上,简单设置下,就可以实现家庭内的 Wi-Fi 无线网络共享了。这种将 ADSL 线路、宽带线路、3G 网络等信号转化为 Wi-Fi 信号再发出去的设备(一般为无线路由器或者带有无线桥接能力的手机),被称为"热点"。

Wi-Fi 传输速率非常快,目前基本可以达到 54 兆比特/秒的无线传输速率,足以保证用户对信息传输速率的要求。同时,Wi-Fi 设备的信号发射功率都低于 100 毫瓦,这个功率甚至比普通的 GSM 手机的发射功率还要低一些,可以认为是一种绿色环保的网络环境,对人体基本无害。由于发射功率低,决定了 Wi-Fi 信号的覆盖范围有限,室内传输由于墙壁的影响,大概只能覆盖几十米的范围,在室外开阔地带 Wi-Fi 信号接收半径可以达到 100 米左右。

作为用户来讲,Wi-Fi 最吸引人的地方就是它的低费率和高带宽。目前 Wi-Fi 所占用的频率资源为 2.4 吉赫附近的 14 个频点(2 412 兆赫、2 417 兆赫、2 422 兆赫、2 427 兆赫、2 432 兆赫、2 437 兆赫、2 442 兆赫、2 447 兆赫、2 452 兆赫、2 457 兆赫、2 462 兆赫、2 467 兆赫、2 472 兆赫、2 484 兆赫)这部分频率资源在全世界范围内都不属于电信运营频段,这就相当于为使用 Wi-Fi 无线设备的用户提供了一个全世界范围的费率极低而带宽极高的无线空中接口。安装了 Wi-Fi 通信模块的终端设备,比如个人电脑、智能手机、游戏机、MP3 播放器、打印机以及其他周边设备等等,都可以在 Wi-Fi 覆盖区域内浏览网页、接打电话、收发邮件、观看视频、下载音乐、传递照片,而不用担心费用和传输速度问题。

目前在世界范围内 Wi-Fi 技术受到了广大用户的热捧,据统计,2010 年全球每天估计 30 亿台电子设备使用 Wi-Fi 技术,而到 2013 年底,当 CSIRO 的无线网专利过期之后(目前购买 Wi-Fi 设备需要向澳大利亚政府缴纳专利费)这个数字预计会增加到 50 亿。许多公共场合、医院、学校都提供了热点接入服务,甚至有些城市直接提供了全城市覆盖。2005 年,美国加利福尼亚州的森尼维尔成为在美国第一个提供全市免费 Wi-Fi 的城市。2012 年 10 月 30 日,杭州市政府主办了"杭州市 Wi-Fi 免费向公众开放启动仪式",宣布从即日起免费向市民开放室外 Wi-Fi 网络,成为我国第一个提供免费 Wi-Fi 覆盖服务的城市。

常用的电话特服号及特殊信号音

(1)常用特服号

免 费 (免收市话通话费的特服号码)		收 费 (按市话通话费标准收费的特服号每三分钟0.18元)	
号码	名称	号码	名称
103	国际长途半自动挂号台及国内、国际长途台话务员互拨号	114	市内电话查号台
108	国际长途直拨国外话务员受付业务台	117	报时台
110	匪警	121	天气预报
111	市内线号员与测量台联系号	1251	全国无线寻呼联网漫游登记、查询、申告台
112	市话障碍申告台	1258	数字移动通信网 GSM 短消息业务中心人工台
113	国内人工长途挂号台	126	无线人工数字寻呼台
115	国际人工长途挂号台	127	无线自动数字寻呼台
116	国内人工长途查询	128	无线汉字寻呼台
119	火警	160	人工信息服务台

(续表)

免费		收费	
号码	名称	号码	名称
120	急救台	161	电话网与分组网网间互联号(同步)
122	道路交通事故报警台	162	电话网与分组网间互联号(异步2 400/1 200)
170	国内长途话费查询台	163	计算机互联网CHINANET拨号入网
172	国内长途全自动障碍申告台	1641	电子信箱CHINAMAIL
173	国内立接制长途半自动挂号台	1642	电子数据交换
176	长途业务查询台	1643	电话网与传真存储转发网互联号拨号器入网
177	国内长途半自动班长台	1644	电话网与传真存储转发网互联号语音应答方式入网
180	用户投诉服务台	1645	电话网与传真存储转发网互联号ASCII字符方式入网
185	特快专递业务查询台	1646	可视图文
189	业务受理特服台	166	语音信箱
1860	移动电话客户服务中心	168	声讯信息服务台
1861	移动电话客户服务中心话费查询	169	中国公众多媒体网接入码
200	中国电话卡自动密码计账长途直拨业务	184	邮政编码查询台
300	智能网计账卡呼叫业务接入码	198	中国电信高速寻呼人工台
600	智能网内虚拟专用网业务接入码	199	中国电信高速寻呼自动台
800	国内被叫集中付费业务		

(2) 特殊信号音

特种拨号音:是一种"嘟、嘟……嘟、嘟……"的一短一长的声音(响40毫秒,停40毫秒),频率是450赫兹。当您的电话登记了某种新业务功能后,您拿起听筒听到的拨号音就是这种特殊拨号音。它用以提醒您,但并不妨碍打电话。

拥塞音:是一种"嘟、嘟"的短音(响0.7秒,间隔0.7秒),频率是450赫兹。它有点像忙音,但比忙音长,表示程控交换机因某种原因机线拥塞不通。

空号音:是一种"嘟、嘟、嘟、嘟……"的三短一长的声音(短音持续0.1秒,长音持续0.4秒),频率450赫兹,表示您拨叫的电话号码是尚未使用的空号。

催挂音:是一种频率为950赫兹的连续音,采用五级响度,声音由小逐渐变大。当您用完电话没把听筒搁回话机或听筒没有搁好时,话机发出催挂音,提醒您把听筒搁好。

忙音:是一种"嘟、嘟、嘟、嘟"的短促音(响0.35秒,断0.35秒),表示局内机线被占用,或您拨叫的电话正在使用。

IP 电话系统

IP是国际互联网协议(Internet Protocol)的简称,IP电话是按照国际互联网协议规定的网络技术内容开通的电话业务,中文翻译为网络电话或互联网电话,它是利用国际互联网为语音传输的媒介,从而实现语音通信的一种全新的通信技术。由于其通信费用低廉,所以也有人称之为廉价电话。网络电话、互联网电话、经济电话或者廉价电话,这些都是人们对IP电话的不同称谓,其实质基本都是一个意思。现在用得最广泛,也是比较科学的叫法即"IP电话"。

开始的IP电话是个人计算机之间的通话。他们是一些拥有电脑,并且可以上互联网的客户,通话双方利用双方的电脑和调制解调器,再安装上声卡及相关软件,加上送话器和扬声器,双方约定时间同时上网,然后进行通话,具体如下图:

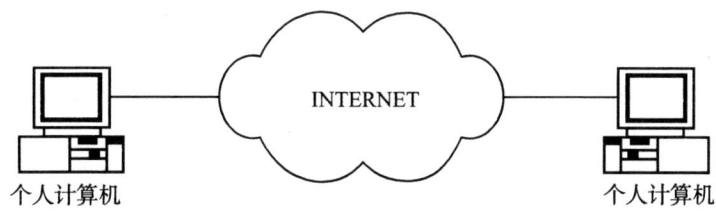

IP 电话示意图

在这一阶段,只能完成双方都知道对方网络地址及必须约定时间同时上网的点对点的通话,在普通的商务领域中就显得相当麻烦。因而,不能商用化或进入公众通信领域。随着 IP 电话的优点逐步被人们认识,许多电信公司在此基础上进行了开发,从而实现了计算机与普通电话之间的通话。如下图:

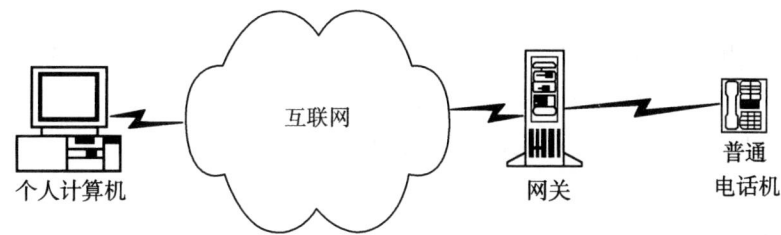

计算机与普通电话之间的通话

计算机一方,一般需要能上国际互联网的普通计算机(PC)和一台调制解调器(modem),计算机上同样应该装有声卡和送话器及扬声器,并且要安装 IP 电话的软件。

电话机用户方,应当具备拨号上本地网 IP 电话的网关(gateway)的功能。个人计算机与普通电话之间的通话方式为下列方式:

(1)计算机方呼叫远端电话:先通过互联网登录到网关,然后进行账号确认,提交被叫号码,再由网关完成呼叫。

(2)电话呼叫远端计算机:计算机应当向 Internet 提供一个固定的地址,并且在电话所在网关上进行登记,电话向网关呼叫,通过网关自动呼叫被叫计算机(计算机平时不能关机)。

这一类 IP 电话,拥有电话机的一方可以不用安装计算机及相关软件与设备。目前,国内有些计算机客户与国外进行 IP 电话的通话已可以采用这种方式。但是,这种方式仍旧十分不方便,无法满足公众随时需要的通话方式。

在以上方式的基础上,国际上许多大的电信公司又推出了普通电话与普通电话之间的通话,如下图:

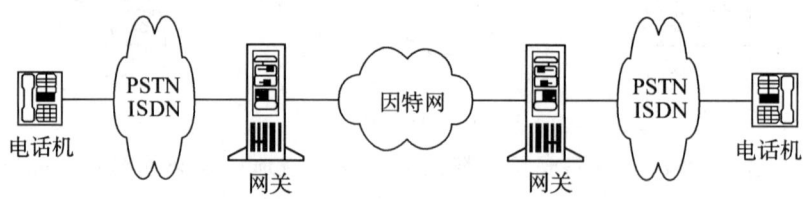

普通电话与普通电话之间通话的 IP 电话

普通电话客户通过本地电话拨号上本地的互联网电话的网关(Gateway),输入账号、密码后,确认键入被叫号码,这样本地与远端的网络电话通过网关,再经过互联网络进行连接,远端的 Internet 网关通过当地的电话网呼叫被叫用户,从而完成普通电话客户之间的电话通信。作为网络电话的网关,一定要有专线与 Internet 网络相连,即是 Internet 网上的一台主机,目前双方的网关必须用相同一家公司的产品。

电视会议

"我是济南的一个服务商,明天要去上海的总部开会——我准备的资料呢?火车几点开啊?什么时候到达上海?我的换洗衣服呢?……幸好我在济南,要是在哈尔滨……能不能不出远门就能够参加会议啊?""当然可以,采用电视会议系统就可以了。"

电视会议是近年兴起的一种通信方式,电视会议的问世大大缩短了人与人之间面对面通信的距离,改变了以往的会议模式,不但节省了人力、财力,还提高了工作效率。电视会议电话系统是通过摄像机拾取图像和声音,通过编解码器转化为数字信号,并加以压缩,再通过通信网络把信号传送出去。对方则将接收到的数字信号解压缩,还原为模拟信号,通过显示器和扬声器播放出来,整个过程基本是"实时"进行的。

电视会议是用电视和电话在两个或多个地点的用户之间举行会议,实时传送声音、图像的通信方式。它同时还可以附加静止图像、文件、传真等信号的传送。参加电视会议的人可以通过电视发表意见,同时观察对方的形象、动作、表情等,并能出示实物、图纸、文件等实拍的电视图像或者显示在黑板、白板上写的字和画的图,使在不同地点参加会议的人感到如同和对方进行"面对面"的交谈,在效果上可以代替现场举行的会议。电视会议系统不仅可以实现远端间的会议,而且还可以举行远程教学和医疗、谈判和技术讨论,如远程医疗系统,远程传输病理切片、X光片、心电图等,进行联合会诊,可提高整体医疗水平。

  电视会议可以节省大量的会议费用,并且可以在办公自动化、紧急救援、现场指挥调度等许多方面发挥作用,因此有较好的发展前景。电视会议系统由终端设备、数字通信网路、网路节点交换设备等组成。终端设备主要包括摄像机、显示器、调制解调器、编译码器、图像处理设备、控制切换设备等。终端设备主要完成电视会议信号发送和接收任务。传输设备主要是使用电缆、光缆、卫星、数字微波等长途数字信道,根据电视会议的需要临时组成。不开放电视会议时,这些信道就是长途电信的信道。节点交换设备是电视会议开通必不可少的设备,也是设在网路节点上的一种交换设备。三个或多个会议电视终端就必须使用一个或多个这种节点交换设备(简称MCU)。终端发出的视频、声频、控制信号等要在节点交换设备完成同一种模式的变换,实现通信。节点交换设备具有模型交换、视频交换和速率转换的功能。节点交换设备的多少决定了电视会议的规模。

三、了解你的计算机

在 21 世纪的现代社会,随着科学技术,尤其是信息技术的迅猛发展,信息日益成为社会各个领域中最活跃、最具有决定意义的因素,人类已经进入了信息化社会,计算机技术则成为当今社会的主体,了解、学习、使用计算机也成为必然。

计算机是新技术革命的一支主力,也是推动社会向现代化迈进的活跃因素。计算机科学与技术是 20 世纪发展最快、影响最为深远的新兴学科之一。计算机产业已在世界范围内发展成为一种极富生命力的战略产业。

现代计算机是一种按程序自动进行信息处理的通用工具,它的处理对象是信息,处理结果也是信息。利用计算机解决科学计算、工程设计、经营管理、过程控制或人工智能等各种问题的方法,都是按照一定的算法进行的。这种算法是定义精确的一系列规则,它指出怎样以给定的输入信息经过有限的步骤产生所需要的输出信息。

计算机的发展与未来

计算机发展是一部短暂却扣人心弦的历史。看这部历史,可以从许多角度切入,我们从技术发展角度看,可以从 1946 年笨拙而庞大的 ENIAC 一直到今天快速而灵巧的 PC。

世界上第一台计算机是 1946 年由美国宾夕法尼亚大学研制成功的,该机命名为 ENIAC,是英文 Electronic Numerical Integrator and Calculator 的缩写。ENIAC 是世界上第一台采用电子管为基本元件、真正能自动运行的电子计算机。它使用了 18 000 只电子管,占地 170 平方米,重达 30 吨,耗电 140 千瓦,价值 40 多万美元,是一个耗电极高的"庞然大物"。ENIAC 最初被专门用于军事领域的弹道计算等,后经多次改进而成为能进行各种科学计算的通用电子计算机。尽管 ENIAC 还有许多缺点,但是它的问世具有划时代的意义。

人们依据计算机所采用的物理器件,将计算机的发展划分成以下几个阶段,一个阶段称为一代。每个阶段在技术上都是一次新的突破,在性能上都是一次质的飞跃。

第一阶段,电子管计算机(1946～1957 年),主要特点是:

(1) 采用电子管作为基本逻辑部件,体积大,耗电量大,寿命短,可靠性差,成本高。

(2) 采用电子射线管作为存储部件,容量很小,后来外存储器使用了磁鼓存储信息,扩充了容量。

(3) 输入输出装置落后,主要使用穿孔卡片,速度慢,容易出错,使用十分不便。

(4) 没有系统软件,只能用机器语言和汇编语言编程。

第二阶段,晶体管计算机(1958～1964 年),主要特点是:

(1) 采用晶体管制作基本逻辑部件,体积减小,重量减轻,能耗降低,成本下降,计算机的可靠性和运算速度均得到提高。

(2) 普遍采用磁芯作为存储器,采用磁盘/磁鼓作为外存储器。

(3) 开始有了系统软件(监控程序),提出了操作系统概念,出现了高级语言。

第三阶段,集成电路计算机(1965～1969 年),主要特点是:

(1) 采用中小规模集成电路制作各种逻辑部件,从而使计算机体积小,重量更轻,耗电更省,寿命更长,成本更低,运算速度有了更大的提高。

(2) 采用半导体存储器作为主存,取代了原来的磁芯存储器,使存储器容量和存取速度有了大幅度的提高,增加了系统的处理能力。

(3) 系统软件有了很大发展,出现了分时操作系统,多用户可以共享计算机软硬件资源。

(4) 在程序设计方面采用了结构化程序设计,为研制更加复杂的软件提供了技术上的保证。

第四阶段,大规模、超大规模集成电路计算机(1970 年至今),主要特点是：

(1) 基本逻辑部件采用大规模、超大规模集成电路,使计算机体积、重量、成本均大幅度降低,出现了微型机。

(2) 作为主存的半导体存储器,其集成度越来越高,容量越来越大;外存储器除广泛使用软、硬磁盘外,还引进了光盘。

(3) 各种使用方便的输入输出设备相继出现。

(4) 软件产业高度发达,各种实用软件层出不穷,极大地方便了用户。

(5) 计算机技术与通信技术相结合,计算机网络把世界紧密地联系在一起。

(6) 多媒体技术崛起,计算机集图像、图形、声音、文字处理于一体,在信息处理领域掀起了一场革命。

随着超大规模集成电路和微处理器技术的进步,计算机进入寻常百姓家的技术障碍逐渐被突破,微型机因其体积小、结构紧凑而得名。特别是在1974年Intel公司发布了其面向个人用户的微处理器8080之后,这一浪潮终于汹涌澎湃起来,同时也催生出了一大批信息时代的弄潮儿,如Stephen Jobs(史帝芬·乔布斯)、Bill Gates(比尔·盖茨)等,至今他们对整个计算机产业的发展还起着举足轻重的作用。在此阶段,互联网技术和多媒体技术也得到了空前的应用与发展,计算机真正开始改变我们的生活。

未来的计算机将以超大规模集成电路为基础,向巨型化、微型化、网络化与智能化的方向发展。

(1) 巨型化:巨型化是指计算机的运算速度更高、存储容量更大、功能更强。目前正在研制的巨型计算机其运算速度可达每秒百万亿次。

(2) 微型化:微型计算机已进入仪器、仪表、家用电器等小型仪器设备中,同时也作为工业控制过程的心脏,使仪器设备实现"智能化"。随着微电子技术的进一步发展,笔记本型、掌上型等微型计算机必将以更优的性能价格比受到人们的欢迎。

(3) 网络化:随着计算机应用的深入,特别是家用计算机越来越普及,一方面希望众多用户能共享信息资源,另一方面也希望各计算机之间能互相传递信息进行通信。

(4) 智能化:计算机人工智能的研究是建立在现代科学基础之上的。智能化是计算机发展的一个重要方向,新一代计算机将可以模拟人的感觉行为和思维过程,进行"看""听""说""想""做",具有逻辑推理、学习与证明的能力。

计算机的种类

计算机按其功能可分为专用计算机和通用计算机。专用计算机功能单一、适应性差,但是在特定用途下最有效、最经济、最快速。通用计算机功能齐全、适应性强,目前所说的计算机都是指通用计算机。在通用计算机中,又可根据运算速度、输入输出能力、数据存储能力、指令系统的规模和机器价格等因素将其划分为巨型机、大型机、小型机、微型机、服务器及工作站等。

(1) 巨型机:巨型机运算速度快,存储容量大,结构复杂,价格昂贵,主要用于尖端科学研究领域。

(2) 大型机:大型机规模仅次于巨型机,有比较完善的指令系统和丰富的外部设备,主要用于计算中心和计算机网络中。

(3) 小型机:小型机较之大型机成本较低,维护也较容易。小型机用途广泛,既可用于科学计算、数据处理,也可用于生产过程自动控制和数据采集及分析处理。

(4) 微型机:20世纪70年代后期,微型机的出现引发了计算机硬件领域的一场革命。微型机采用微处理器、半导体存储器和输入输出接口等芯片组装,使得它较之小型机体积更小,价格更低,灵活性更好,可靠性更高,使用更加方便。

(5) 服务器:随着计算机网络的日益推广和普及,一种可供网络用户共享的、高性能的计算机应运而生,这就是服务器。服务器一般具有大容量的存储设备和丰富的外部设备,其上运行网络操作系统,要求较高的运行速度,对此很多服务器都配置了双CPU。服务器上的资源可供网络用户共享。

(6) 工作站:20世纪70年代后期出现了一种新型的计算机系统,称为工作站(WS)。工作站实际上是一台高档微机。但它有其独到之处,易于联网,配有大容量主存、大屏幕显示器,特别适合于CAD/CAM和办公自动化,典型产品有美国SUN公司的SUN3、SUN4等。

随着大规模集成电路的发展,目前的微型机与工作站乃至小型机之间的界限已不明显,现在的微处理器芯片速度已经达到甚至超过十年前的一般大型机 CPU 的速度。

高性能计算机

高性能计算机是指价格在 10 万元以上的服务器,之所以称为高性能计算机,主要是它跟微机与低档 PC 服务器相比而言具有性能、功能方面的优势。高性能计算机也有高、中、低档之分,中档系统近年来市场发展最快。从应用与市场角度来划分,中高档系统可分为两种,一种叫超级计算机,主要是用于科学工程计算及专门的设计;另一种叫超级服务器,可以用来支持计算、事务处理、数据库应用、网络应用与服务。

国外的高性能计算机应用已经具有相当的规模,在各个领域都有比较成熟的应用实例。在政府部门大量使用高性能计算机能有效地提高政府对国民经济和社会发展的宏观监控和引导能力,包括打击走私、增强税收、进行金融监控和风险预警、环境和资源的监控和分析等等。

高性能计算机在我国的研究与应用已取得了一些成功,我国的曙光 4 000 A 已成功运行于证券指数计算、电力安全评估、建筑工程抗震性评估、天气预报、石油地震资料处理、核能开发利用、汽车碰撞、电磁辐射、计算流体力学、基因匹配与拼接、蛋白质结构分析和材料科学等领域的 20 多项应用。

计算机应用领域

计算机已广泛地应用于社会的各个领域,并渗透到人们日常生活的方方面面。目前,计算机的应用可概括为以下几个方面。

(1) 科学计算(或称为数值计算):早期的计算机主要用于科学计算。目前,科学计算仍然是计算机应用的一个重要领域。如高能物理、工程设计、地震预测、气象预报、航天技术等。由于计算机具有高运算速度和精度以及逻辑判断能力,因此出现了计算力学、计算物理、计算化学、生物控制论等新的学科。

(2) 过程检测与控制:利用计算机对工业生产过程中的某些信号自动进行检测,并把检测到的数据存入计算机,再根据需要对这些数据进行处理,这样的系统称为计算机检测系统。特别是仪器仪表引进计算机技术后所构成的智能化仪器仪表,将工业自动化推向了一个更高的水平。如在导弹、卫星的发射中用计算机随时精确地控制飞行轨道和姿态;在对人有害的工作场所用计算机控制机器人自动工作;用计算机控制机床来实现精度要求高、形状复杂的零件加工自动化等。

(3) 信息管理(数据处理):信息管理是目前计算机应用最广泛的一个领域。利用计算机来加工、管理与操作任何形式的数据资料,如企业管理、物资管理、报表统计、账目计算、信息情报检索等。近年来,国内许多机构纷纷建设自己的管理信息系统(MIS),生产企业也开始采用制造资源规划软件(MRP),商业流通领域则逐步使用电子信息交换系统(EDI),即所谓无纸贸易。

(4) 计算机辅助系统:计算机辅助设计(CAD)是指利用计算机来帮助设计人员进行工程设计,以提高设计工作的自动化程度,节省人力和物力。目前,此技术已经在电路、机械、土木建筑、服装等设计中得到了广泛的应用;计算机辅助制造(CAM)是指利用计算机进行生产设备的管理、控制与操作,从而提高产品质量,降低生产成本,缩短生产周期,并且还大大改善了制造人员的工作条件;计算机辅助测试(CAT)是指利用计算机进行复杂而大量的测试工作;计算机辅助教学(CAI)是指利用计算机帮助教师讲授和学生学习的自动化系统,使学生能够轻松自如地从中学到所需要的知识;计算机集成制造系统(CIMS)是指将设计、制造、管理等均使用计算机进行综合处理;计算机模拟(CS)是指使用计算机模拟进行工程产品、决策的试验,模拟军事演习及训练。

硬件系统

计算机系统由硬件系统和软件系统所组成。硬件是组成计算机的物理实体,它提供了计算机工作的物质基础,用户通过硬件向计算机系统发布命令、输入数据,并得到计算机的响应,计算机内部也必须通过硬件来完成数据存储、计算及传输等各项任务。无论是哪一种计算机,一个完整的硬件系统从功能角度而言必须包括运算器、控制器、存储器、输入设备和输出设备五部分,每个功能部件各尽其职、协调工作。微型计算机也是基于这五部分组成的。

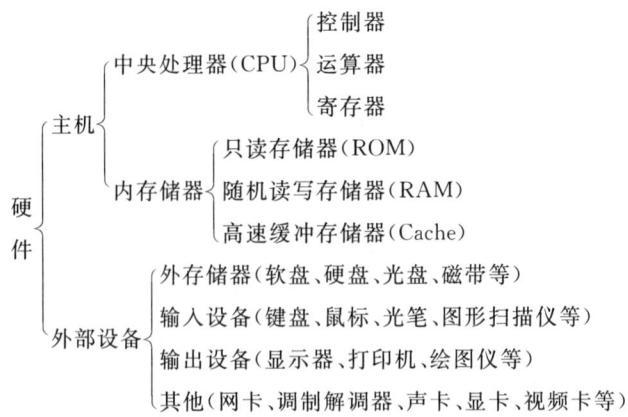

计算机硬件组成

CPU

  CPU(Central Processor Unit)就是我们常提起的中央处理器,它是一台计算机中最为核心的部件,它在计算机中所起的作用也是举足轻重的。它对整个计算机系统进行协调、控制、程序运行以及大量的数据处理工作。所以我们把它直观地称为计算机的"心脏"。

  运算器主要由算术逻辑运算单元 ALU(Arithmetic and Logic Unit)、浮点运算单元(Floating Point Unit)、通用寄存器组和专用寄存器组成,其中算术逻辑运算单元主要进行对二进制数据的定点算术运算、逻辑运算以及移位操作,就是我们常说的整数运算,而浮点运算单元控制器则是进行小数点以后数据的高精度整数运算,也就是浮点运算。通用寄存器组是一组存储速度最快的存储器,它的作用是保存参加当前运算的操作数据和结果。专用寄存器组是一些状态存储器,它不能通过程序运算来改变它的状态,它是由 CPU 自己控制,用来表明某种状态。

  运算器的工作就是完成数据的运算,而控制器(Controller)则是控制着整个 CPU 的工作,它主要由指令控制器、时序控制器、总线控制器和中断控制器组成,其中指令控制器的作用非常重要,它主要进行指令读取、指令分析等操作,然后交给执行单元(ALU 和 FPU)来执行。时序控制器的作用是为每条提供给 CPU 的指令按时间顺序给予控制信号,总线控制器和中断控制器是对各种数据总线、地址总线、系统总线等进行控制，对各种程序的中断请求响应并根据程序优先级的高低对中断请求进行排队，并逐个交给 CPU 处理。

为了提高 CPU 运算速度，近年来又出现了双核处理器（Dual Core Processor），即在一个处理器上集成两个运算核心，从而提高计算能力。

存储器

存储器（Memory）是计算机中具有记忆能力的部件，用来存放计算机中的数据。存储器是计算机的一个重要组成部分，它用来保存计算机工作所必需的程序和数据。CPU 可直接从内部存储器提取指令或存取数据。

比特（bit），是计算机中最小的数据单位。一个二进制数位简称为比特。计算机中最直接、最基本的操作就是对二进制位的操作。

字节（Byte），是计算机中最基本的存储容量单位。1 个字节由 8 个二进制数字位组成（通常用英文字母 B 表示）。

除用字节为单位表示存储容量外，还可以用千字节（kB）、兆字节（MB）以及吉字节（GB）等表示存储容量。它们之间存在下列换算关系：

1 B＝8 bit　　　　　1 kB＝1 024 B
1 MB＝1 024 kB　　　1 GB＝1 024 MB

内存储器简称内存，又称主存，是直接与 CPU 相联系的存储设备，是计算机工作的基础，位于主板上，由半导体器件制成。其特点是存取速度快，基本上能与 CPU 速度相匹配。内存按其功能和存储信息的原理又可分为只读存储器、随机读/写存储器和高速缓冲存储器三类。

（1）只读存储器（Read Only Memory，简称 ROM）

ROM 是指只能从该设备中读数据，而不能往里写数据。ROM 中的数据是由设计者或制造商事先编制好固化在里面的一些程序，使用者不能随意更改，需要通过特殊手段才能改变其中的内容。ROM 主要用于检查计算机系统的配置情况并提供最基本的输入/输出（I/O）控制程序，如存储 BIOS 参数的 CMOS 芯片。ROM 的特点是计算机断电后存储器中的数据仍然存在。

只读存储器包括：可编程只读存储器（PROM）、可擦除的可编程只读存储器(EPROM)、掩膜型只读存储器(MROM)等。

(2) 随机读/写存储器(Random Access Memory,简称 RAM)

RAM 是计算机工作的存储区,一切要执行的程序和数据都要先装入该存储器内。随机读/写的含义是指既能从该设备中读数据,也可以往里写数据。

RAM 的特点主要有两个:一是存储器中的数据可以反复使用,只有向存储器写入新数据时存储器中的内容才被更新;二是 RAM 中的信息随着计算机的断电自然消失,所以说 RAM 是计算机处理数据的临时存储区,要想使数据长期保存起来,必须将数据保存在外存中。我们通常在购机时所说的计算机内存容量指的就是 RAM 的容量。

目前微型计算机中的 RAM 大多采用半导体存储器,基本上是以内存条的形式进行组织,其优点是扩展方便,用户可根据需要随时增加内存。常见的内存条单条容量有 256 M、512 M、1 G、2 G、4 G 等几种。使用时只要将内存条插在主板的内存插槽上即可。

内存的参数主要有两个:存储容量和存取时间。存储容量越大,电脑能记忆的信息越多。存取时间则以纳秒(ns)为单位来计算。一纳秒等于 10 亿分之一秒。数字越小,表明内存的存取速度越快。

(3) 高速缓冲存储器(Cache)

Cache 是指在 CPU 与内存之间设置一级

内存条

或两级高速小容量存储器,称之为高速缓冲存储器,固化在主板上。在计算机工作时,系统先将数据由外存读入 RAM 中,再由 RAM 读入 Cache 中,然后 CPU 直接从 Cache 中读取数据进行操作。

外存储器简称外存,它作为一种辅助存储设备,主要用来存放一些暂时不用而又需长期保存的程序或数据。当需要执行外存中的程序或处理外存中的数据时,必须通过 CPU 的输入/输出指令,将其调入 RAM 中才能被 CPU 执行处理,所以外存实际上属于输入/输出设备。

外存主要有磁盘、光盘等,它既属于输入设备,又属于输出设备。磁盘是微型计算机使用的主要外存储设备,包括硬盘、移动硬盘、U 盘等。通常一台微型计算机至少安装一个硬盘存储器、一个软盘存储器和一个光盘存储器。

硬盘存储系统

硬盘存储系统是由电机和硬盘组成的,一般置于主机箱内。硬盘是涂有磁性材料的磁盘组件,用于存放数据。根据容量,一个机械转轴上串有若干个硬盘,每个硬盘的上下两面各有一个读/写磁头,硬盘是一个非常精密的机械装置,磁道间只有百万分之几英寸的间隙,磁头传动装置必须把磁头快速而准确地移到指定的磁道上。

(1) 硬盘的结构

一个硬盘可以由 1 到 10 张甚至更多的盘片组成,所有的盘片串在一根轴上,两个盘片之间仅留出安置磁头的距离。柱面是指使磁盘的所有盘片具有相同编号的磁道。硬盘的容量取决于硬盘的磁头数、柱面数及每个磁道扇区数,由于硬盘一般均有多个盘片,所以用柱面这个参数来代替磁道。每一扇区的容量为 512B,硬盘容量为:512×磁头数×柱面数×每道扇区数。

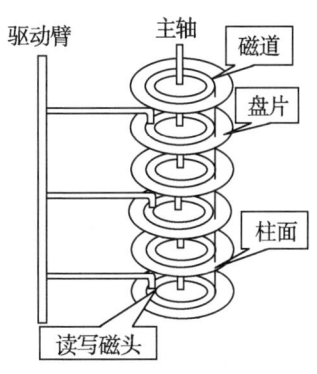

硬盘存储结构

不同型号的硬盘其容量、磁头数、柱面数及每道扇区数均可能不同,主机必须知道这些参数才能正确控制硬盘的工作,因此安装新磁盘后,需要对主机进行硬盘类型的设置。此外,当计算机发生某些故障时,有时也需要重新进行硬盘类型的设置。

(2) 硬盘的性能指标

硬盘性能的技术指标一般包括存储容量、速度、访问时间及平均无故障时间等。

(3) 使用硬盘的准备工作

使用新硬盘之前,必须做三件工作,硬盘的低级格式化、硬盘分区和硬盘的高级格式化。

硬盘的低级格式化即硬盘的初始化,其主要目的是对一个新硬盘划分磁道和扇区,并在每个扇区的地址域上记录地址信息。初始化工作一般由硬盘生产厂家在硬盘出厂前完成,当硬盘受到破坏,或更改系统时,需进行硬盘的初始化。初始化工作是由专门的程序来完成的，如 ROMBIOS 中的硬盘初始化程序等。

初始化后的硬盘仍不能直接被系统识别使用，这是因为硬盘存储容量大，为了方便用户使用，系统允许把硬盘划分成若干个相对独立的逻辑存储区，每一个逻辑存储区称为一个硬盘分区。对硬盘进行分区的主要目的是建立系统使用的硬盘区域，并将主引导程序和分区信息表写到硬盘的第一个扇区上。只有分区后的硬盘才能被系统识别使用，这是因为经过分区后的硬盘具有自己的名字，也就是通常所说的硬盘标识符，系统通过标识符访问硬盘。硬盘分区工作一般也是由厂家完成的，但由于计算机的不安全因素或病毒的侵害等有时要求用户重新对硬盘进行分区。硬盘分区操作也是由系统的专门程序完成的，如 DOS 下的 FDISK 命令等。

硬盘建立分区后，使用前必须对每一个分区进行高级格式化，格式化后的硬盘才能使用。硬盘格式化的主要作用有两点：一是装入操作系统，使硬盘兼有系统启动盘的作用；二是对指定的硬盘分区进行初始化，建立文件分配表，以便系统按指定的格式存储文件。硬盘格式化是由格式化命令完成的，如 DOS 下的 FORMAT 命令。应当注意，格式化操作会清除硬盘中原有的全部信息，所以在对硬盘进行格式化操作之前一定要做好备份工作。

硬盘存储器的特点是：存储容量大、读写速度快、密封性好、可靠性高、使用方便，有些软件只需在硬盘上安装一次便能长期使用运行。

闪存

闪存（Flash Memory）是一种长寿命的非易失性（在断电情况下仍能保持所存储的数据信息）的存储器。由于其断电时仍能保存数据，闪存通常被用来保存设置信息，如在电脑的

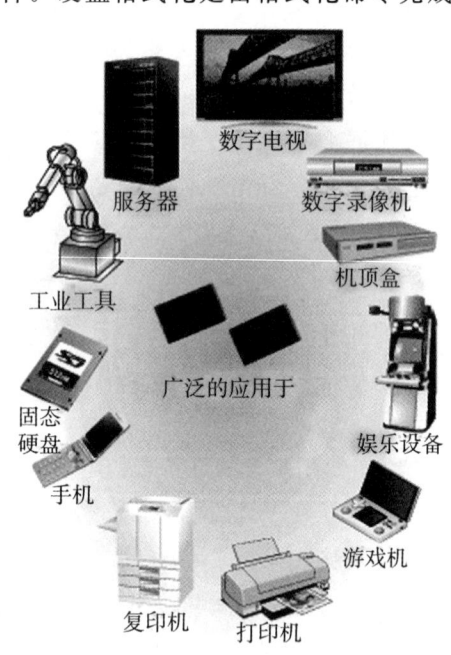

闪存技术的应用

BIOS(基本输入输出程序)、PDA(个人数字助理)、数码相机中保存资料等。

近几年各种形式的基于闪存的存储设备如雨后春笋般诞生,它们的外形结构丰富多彩,尺寸越来越小,容量越来越大,接口方式越来越灵活。

除电脑上常用的 U 盘和移动硬盘等存储设备之外,还有其他一些更加小巧的基于闪存技术的存储卡,像 CF 卡(Compact Flash)、MMC 卡(Multi Media Card,简称多媒体存储卡)、SD 卡(Secure Digital Memory Card)等。

U 盘

U 盘,全称 USB 闪存驱动器,英文名"USB flash disk"。它是一种使用 USB 接口的无须物理驱动器的微型高容量移动存储产品,通过 USB 接口与电脑连接,实现即插即用。U 盘的称呼最早来源于朗科科技生产的一种新型存储设备,名曰"优盘",使用 USB 接口进行连接。U 盘连接到电脑的 USB 接口后,U 盘的资料可与电脑交换。而之后生产的类似技术的设备由于朗科已进行专利注册,而不能再称之为"优盘",而改称谐音的"U 盘"。后来,U 盘这个称呼因其简单易记而广为人知,是移动存储设备之一。

U 盘

相较于其他可携式存储设备,闪存 U 盘有许多优点:占空间小,通常操作速度较快(USB1.1、2.0、3.0 标准),能存储较多数据,并且性能较可靠(由于没有机械设备),在读写时断开而不会损坏硬件(软盘在读写时断开马上损坏),只会丢失数据。这类的磁盘使用 USB 大量存储设备标准,在近代的操作系统如 Linux、Mac OS X、Unix 与 Windows2000、XP、Win7 中皆有内置支持。

U 盘通常使用 ABS 塑料或金属外壳,内部含有一张小的印刷电路板,让闪存盘尺寸小到像钥匙圈饰物一样能够放到口袋中,或是串在颈绳上。只有 USB 连接头突出于保护壳外,且通常被一个小盖子盖住。大多数的闪 U 存盘使用标准的 Type-A USB 接头,这使得它们可以直接插入个人电脑上的 USB 端口中。

要访问 U 盘的数据,就必须把 U 盘连接到电脑;无论是直接连接到电脑内置的 USB 控制器或是一个 USB 集线器都可以。只有当被插入 USB 端口时，闪存盘才会启动，而所需的电力也由 USB 连接供给。

移动硬盘

移动硬盘顾名思义是以硬盘为存储介质，强调便携性的存储产品。目前市场上绝大多数的移动硬盘都是以标准硬盘为基础的，而只有很少的部分以微型硬盘（1.8 英寸硬盘等）为基础，但价格因素决定着主流移动硬盘还是以标准笔记本硬盘为基础。因为采用硬盘为存储介质，因此移动硬盘在数据的读写模式与标准 IDE 硬盘是相同的。移动硬盘多采用 USB、IEEE1394 等传输速度较快的接口，可以较高的速度与系统进行数据传输。

移动硬盘

移动硬盘的特点：

（1）容量大

移动硬盘可以提供相当大的存储容量，是种较具性价比的移动存储产品。目前大容量"闪盘"的价格，还无法被用户所接受，而移动硬盘能在用户可以接受的价格范围内，提供给用户较大的存储容量和不错的便携性。目前市场上的移动硬盘能提供 320 GB、500 GB、600 G、640 GB、900 GB、1 000 GB(1 TB)、1.5 TB、2 TB、2.5 TB、3 TB、3.5 TB、4 TB 等容量，最高可达 12 TB 的容量，一定程度上满足了用户的需求。随着技术的发展，移动硬盘容量将越来越大，体积也会越来越小。

（2）传输速度

移动硬盘大多采用 USB、IEEE1394 接口，能提供较高的数据传输速度。不过移动硬盘的数据传输速度一定程度上受到接口速度的限制，尤其在 USB1.1 接口规范的产品上，在传输较大数据量时，将考验用户的耐心。而 USB2.0 和 IEEE1394 接口就相对好很多。

（3）使用方便

现在的 PC 基本都配备了 USB 功能，主板通常可以提供 2～8 个 USB 口，一些显示器也会提供 USB 转接器，USB 接口已成为个人电脑中的必备接口。USB设备在大多数版本的WINDOWS操作系统中都可以不需要安装驱动程序,具有真正的"即插即用"特性,使用起来灵活方便。

（4）可靠性提升

数据安全一直是移动存储用户最为关心的问题,也是人们衡量该类产品性能好坏的一个重要标准。移动硬盘以高速、大容量、轻巧便捷等优点赢得许多用户的青睐,而更大的优点还在于其存储数据的安全可靠性。这类硬盘与笔记本电脑硬盘的结构类似,多采用硅氧盘片。这是一种比铝、磁更为坚固耐用的盘片材质,并且具有更大的存储量和更好的可靠性,提高了数据的完整性。采用以硅氧为材料的磁盘驱动器,以更加平滑的盘面为特征,有效地降低了盘片可能影响数据可靠性和完整性的不规则盘面的数量,更高的盘面硬度使USB硬盘具有很高的可靠性。

主板

主机是安装在一个主机箱内所有部件的统一体,是微型计算机系统的核心,主要由CPU、内存、输入/输出设备接口（简称I/O接口）、总线和扩展槽等构成,通常被封装在主机箱内,制成一块或多块印刷电路板,称为主机板,简称主板或系统板。

主板结构

主板是整个硬件系统的平台,是微型计算机系统的主体和控制中心,它几乎集合了全部系统的功能,控制着各部分之间的指令流和数据流。随着计算机的不断发展,不同型号的微型计算机的主板结构虽然有所不同,但其工作原理、主要器件的设置却大致相同。

主板主要由芯片组、CPU 插座、内存插槽、总线扩展槽、输入输出接口、基本输入输出 BIOS 和 CMOS 等部件组成。

(1) 芯片组

芯片组是主板的灵魂,由一组超大规模集成电路芯片构成。芯片组控制和协调整个计算机系统的正常运转和各个部件的选型,它被固定在主板上,不能像 CPU、内存等进行简单的升级换代。芯片组的作用是在 BIOS 和操作系统的控制下,按照统一规定的技术标准和规范为计算机中的 CPU、内存、显卡等部件建立可靠的安装、运行环境,为各种接口的外部设备提供可靠的连接。

(2) CPU 插座

用于固定连接 CPU 芯片。由于集成化程度和制造工艺的不断提高,越来越多的功能被集成到 CPU 上。为了使 CPU 安装更加方便,现在 CPU 插座基本上采用零插槽式设计。

(3) 内存插槽

随着内存扩展板的标准化,主板给内存预留专用插槽,只要购买所需数量并与主板插槽匹配的内存条,就可以实现扩充内存和即插即用。

(4) 总线扩展槽

主板上有一系列的扩展槽,用来连接各种功能插卡。用户可以根据自己的需要在扩展槽上插入各种用途的插卡,如显示卡、声卡、防病毒卡、网卡等,以扩展微型计算机的各种功能。任何插卡插入扩展槽后,就可以通过系统总线与 CPU 连接,在操作系统的支持下实现即插即用。这种开放的体系结构为用户组合各种功能设备提供了方便。

总线

总线是一组连接各个部件的公共通信线,即系统各部件之间传送信息的公共通道。总线由一组物理导线组成,按其传送的信息可分为数据总线、地址总线和控制总线三类。不同的 CPU 芯片，数据总线、地址总线和控制总线的根数也不同。

数据总线(DB,Data Bus)用来传送数据信息，是双向总线。CPU 既可通过 DB 从内存或输入设备读入数据，又可通过 DB 将内部数据送至内存或输出设备。它决定了 CPU 和计算机其他部件之间每次交换数据的位数。

地址总线(AB,Address Bus)用于传送 CPU 发出的地址信息，是单向总线。传送地址信息的目的是指明与 CPU 交换信息的内存单元或 I/O 设备。一般存储器是按地址访问的，所以每个存储单元都有一个固定地址，要访问 1 兆字节存储器中的任一单元，需要给出 1 兆字节个地址，即需要 20 位地址（220 字节＝1 兆字节）。

控制总线(CB,Control Bus)用来传送控制信号、时序信号和状态信息等。其中有的是 CPU 向内存或外部设备发出的信息，有的是内存或外部设备向 CPU 发出的信息。显然，CB 中的每一根线的方向是一定的、单向的，但作为一个整体则是双向的。所以，在各种结构框图中，凡涉及控制总线 CB，均是以双向线表示。

接口

输入输出接口是 CPU 与外部设备之间交换信息的连接电路，它们通过总线与 CPU 相连，简称 I/O 接口。I/O 接口分为总线接口和通信接口两类。当需要外部设备或用户电路与 CPU 之间进行数据、信息交换以及控制操作时，应使用计算机总线把外部设备和用户电路连接起来，这时就需要使用计算机总线接口；当计算机系统与其他系统直接进行数字通信时使用通信接口。

所谓总线接口是把微型计算机总线通过电路插座提供给用户的一种总线插座，供插入各种功能卡。插座的各个管脚与计算机总线的相应信号线相连，用户只要按照总线排列的顺序制作外部设备或用户电路的插线板，即可实现外部设备或用户电路与系统总线的连接，使外部设备或用户电路与计算机系统成为一体。

通信接口是指计算机系统与其他系统直接进行数字通信的接口电路，通常分串行通信接口和并行通信接口两种，即串口和并口。串口用于把类似 MODEM 这种的低速外部设备与计算机连接，传送信息的方式是一位一

位地依次进行。串口的标准是 EIA(Electronics Industry Association 即电子工业协会)RS232C 标准。串口的连接器有 D 型 9 针插座和 D 型 25 针插座两种,位于计算机主机箱的后面板上。并行接口多用于连接打印机等高速外部设备,传送信息的方式按字节进行,即 8 个二进制位同时进行。PC 机使用的并口为标准并口,并口也位于计算机主机箱的后面板上。

声卡

声卡是处理声音信息的设备,也是多媒体计算机的核心设备。声卡具有把声音变成相应数字信号,以及再将数字信号转换成声音的 A/D 和 D/A 转换功能,并可以把数字信号记录到硬盘上以及从硬盘上读取重放。声卡还具有用来增加播放复合音乐的合成器和外接电子乐器的 MIDI 接口,这样就使得多媒体计算机不仅能播放来自光盘的音乐,而且还具有编辑乐曲及混响的功能,并能提供优质的数字音响。

声卡是多媒体电脑的主要部件之一,它包含记录和播放声音所需的硬件。声卡的种类很多,功能也不完全相同,但它们有一些共同的基本功能:能录制话音(声音)和音乐,能选择以单声道或双声道录音,并且能控制采样速率。声卡上有数模转换芯片(DAC),用来把数字化的声音信号转换成模拟信号,同时还有模数转换芯片(ADC),用来把模拟声音信号转换成数字信号。目前声卡多数已被集成到主板上。

视频采集卡

视频卡是多媒体计算机中的另一主要设备,其主要功能是将各种制式的模拟信号数字化,并将这种信号压缩和解压缩后与 VGA 信号叠加显示;也可以把电视、摄像机等外界的动态图像以数字形式捕获到计算机的存储设备上,对其进行编辑或与其他多媒体信号合成后,再转换成模拟信号播放出来。

视频卡的安装方法是将其插入计算机中的任何一个总线插槽,即完成视频卡的硬件连接,然后安装相应的视频卡驱动程序即可。

触摸屏

触摸屏是一种定位设备,用户可以直接用手在触摸屏的屏幕上向计算机输入触摸屏信息,它和鼠标、键盘一样,是一种输入设备。触摸屏具有坚固耐用、反应速度快、节省空间、易于交流等许多优点。利用这种技术,只要用手指轻轻地碰计算机显示屏上的图符或文字就能实现对主机操作,从而使人机交互更为直截了当,这种技术极大方便了那些不懂电脑操作的用户。触摸屏的应用范围非常广泛,主要有公共信息的查询,如电信局、税务局、银行、电力等部门的业务查询,城市街头的信息查询,此外还可广泛应用于企业办公、工业控制、军事指挥、电子游戏、点歌、点菜、多媒体教学、房地产预售等,将来触摸屏还要走入家庭。

触摸屏

键盘

输入设备用于将系统文件、用户程序及文档、运行程序所需的数据等信息输入到计算机的存储设备中以备使用。常用的输入设备有键盘、鼠标器、扫描仪、数字化仪和光笔等。

键盘是微型计算机的主要输入设备,是实现人机对话的重要工具。通过它可以输入程序、数据、操作命令对计算机进行控制。

(1) 键盘的结构

键盘中配有一个微处理器,用来对键盘进行扫描、生成键盘扫描码和数据转换。微型计算机的键盘已标准化,多数以 101 键为主。用户使用的键盘是组装在一起的一组按键矩阵,包括字符键、功能键、控制键和数字键等。

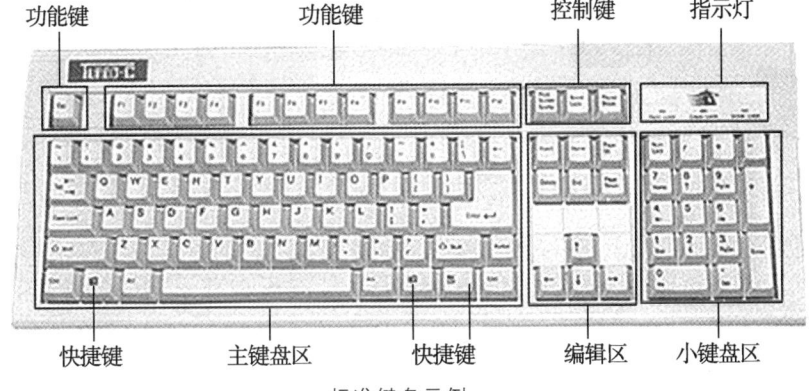

标准键盘示例

字符键:用来输入字符。下方最长的键是空格键。

Enter 键(回车键):当输入操作命令时,输入回车键代表命令的结束;当进行文字录入时,回车键使光标回到下一行的开始。

Back Space 键(退格键):删除光标前面的字符。

Caps Lock 键(大小写锁定键):按此键可控制大小写字母的转换,同时控制键盘右上角的 Caps Lock 灯的"亮"与"灭"。

Shift 键(上挡键):有些键位上有上下两个字符,直接按键时,录入下面的字符;按 Shift 键不放同时再按键,输入键位上方的字符或大写字母。

编辑键区:用于文本编辑时,上、下、左、右移动光标及删除光标处字符。

数字键区:Num Lock 键控制着 Num Lock 灯的"亮"与"灭"。灯亮时,"数字键盘"处于数字输入状态,可用于数字的输入;灯灭时,"数字键盘"处于控制键状态,只能用于光标移动。

功能键区:在键盘的最上面一排是 12 个功能键(F1～F12),它们一般用来代替常用命令,不同软件系统可以有不同的定义。

(2) 键盘接口

键盘通过一个有 5 针插头的五芯电缆与主板上的 DIN 插座相连,使用串行数据传输方式。

(3) 键盘操作

手指的键位分工

为了能迅速、准确地将信息输入计算机,提高击键盘速度,必须掌握正确的操作方法,并进行标准的指法训练。操作键盘时,左右两手必须配合使用,并按手指分工进行击键。其中"A""S""D""F""J""K""L"";"8 个键称为

"基准键位"，在击键的开始时和完成一次击键后，手指都应回到这8个键位上。"F""J"键上各有一个凸起的小点或横线，便于各手指定位。

鼠标

鼠标也是主要的计算机输入设备，其主要功能用于选择菜单或按钮向主机发出各种操作命令，但不能输入字符和数据。

（1）鼠标的结构

鼠标的类型、型号很多，按结构可分为机械式和光电式两类。机械式鼠标内有一滚动球；光电式鼠标内有一个光电探测器，用于鼠标的定位。

鼠标的外观如一方形盒子，其上有两个或三个按钮。通常，左按钮用作确定操作；右按钮用作特殊功能，如在任一对象上单击鼠标右按钮会弹出当前对象的快捷菜单。左右按钮间有一个滑轮，用于特殊操作。

（2）鼠标接口

安装鼠标一定要注意其接口类型。将鼠标直接插在微型计算机的串口COM1、COM2或USB接口上即可，不需要任何总线接口板或其他外部电路。

（3）鼠标的操作

鼠标的操作通常包括指向、单击、双击、右击和拖动。

指向：移动鼠标，使其光标移到某一对象上，就称为鼠标指向该对象。鼠标的指向是其他操作的基础，当鼠标指向某一对象时，以后的操作都是针对这一对象来进行的。

单击：鼠标的左键是主工作键，所以单击也就特指的是左键的单击。单击的方法是迅速地按下左键并释放它，单击的主要作用是为了选中它所指向的对象。

双击：双击的方法是连续两次快速按下并释放左键，注意一定要快速，并且在两次击键过程中鼠标不能移动，否则不能完成双击功能。双击的作用是打开被选对象，对于不同的对象也有不同的意义，例如双击文件夹就打开了该文件夹，而双击一个应用程序则是启动它。

右击：右击的方法是迅速按下右键并释放它。右击的作用是弹出当前被选对象的一个快捷菜单。

拖动：拖动的方法是在按下左键的同时移动鼠标。注意在移动过程中，左键一定不能松开。

扫描仪

扫描仪是除键盘和鼠标之外被广泛应用于计算机的输入设备。可以利用扫描仪输入照片建立自己的电子影集；输入各种图片建立自己的网站；扫描手写信函再用 E-mail 发送出去以代替传真机；还可以利用扫描仪配合 OCR 软件（字符识别软件，是英文 Optical Character Recognition 的缩写）输入报纸或书籍的内容。所有这些为我们展示了扫描仪的不凡功能，它使我们在办公、学习和娱乐等各个方面提高效率并增进乐趣。

扫描仪通过光源照射到被扫描的材料上来获得材料的图像。材料将光线反射到叫做 CCD（Change Coupled Device）的感光元件上，由于材料不同的位置反射的光线强弱不同，CCD 器件将光线转换成数字信号，并传送到计算机中，此时我们就获得了材料的图像。

扫描仪

分辨率是扫描仪的很重要的特征，市面上看到的扫描仪的分辨率可以达到 300×600、600×1 200 等，其单位是 dpi，dpi 是英文 Dot Per Inch 的缩写，意思是每英寸的像素点数。分辨率越高，扫描出的图像也越清晰，一般来说，300 dpi 的分辨率已经是足够的了。

扫描仪会附带相应的驱动程序和扫描软件，并且符合 TWAIN 标准。TWAIN(Technology Without An Interesting Name)是扫描仪厂商共同遵循的规格，是应用程序与影像捕捉设备间的标准接口。只要是支持 TWAIN 的驱动程序就可以启动符合这种规格的扫描仪。

OCR 是字符识别软件的简称，原意是光学字符识别。它的功能是通过扫描仪等光学输入设备读取印刷品上的文字图像信息，利用模式识别的算法，分析文字的形态特征，从而判别不同的汉字。中文 OCR 一般只适合于识别印刷体汉字。使用扫描仪加 OCR 可以部分地代替键盘输入汉字的功能，是省力快捷的文字输入方法。

显示器

显示器是计算机基本的输出设备，用来将系统信息、计算机处理结果、用户程序及文档等信息显示在屏幕上。

(1) 显示器的分类

显示器有多种形式、多种类型和多种规格。按结构分有显像管显示器、液晶显示器等。液晶显示器具有体积小、重量轻、只要求低压直流电源便可工作等特点。微型计算机上使用最多的是显像管显示器，其工作原理基本上和一般电视机相同，只是数据接收和控制方式不同。

显示器按显示效果可以分为单色显示器和彩色显示器。单色显示器只能产生一种颜色，即只有一种前景色（字符或图像的颜色）和一种背景色（底色），不能显示彩色图像。彩色显示器所显示的图像，其前景色和背景色均有许多不同的色彩变化，从而构成了五彩缤纷的图像。之所以能显示出色彩，不仅取决于显示器本身，更主要的是取决于显示卡的功能。

显示器按分辨率可分为中分辨率和高分辨率显示器。中分辨率为 320×200，即屏幕垂直方向上有 320 根扫描线，水平方向上有 200 个点。高分辨率为 640×200、640×480、1 024×768 等。分辨率是显示器的一个重要指标，分辨率越高，图像就越清晰。

(2) 显示卡

显示器与主机相连必须配置适当的显示适配器，即显示卡。显示卡的功能主要用于主机与显示器数据格式的转换，是体现计算机显示效果的必备设备，它不仅把显示器与主机连接起来，而且还起到处理图形数据、加速图形显示等作用。显示卡插在主板的扩展槽上，现在已经有许多集成显示卡的主板。为了适应不同类型的显示器，并使其显示出各种效果，显示卡也有多种类型，如 EGA、VGA、SVGA、AVGA 等。

打印机

打印机也是计算机的主要输出设备之一，与显示器最大的区别是将信息输出在纸上。

(1) 打印机的分类

按照打印机打印的方式可分为字符式、行式和页式三类。字符式是一个字符一个字符地依次打印,行式是按行打印,页式是按页打印。按照打印色彩,打印机可分为单色打印机和彩色打印机。按照打印机的工作机构可分为击打式和非击打式两类。常见的非击打式打印机有激光打印机、喷墨打印机等,击打式打印机有针式打印机。

各式打印机

针式打印机以其便宜、耐用、可打印多种类型纸张等原因,普遍应用在多种领域,我们常用的 EPSON LQ1 600 K、STAR CR3 240 等属于宽行针式打印机。EPSON LQ100、NECP2000 则属于窄行针式打印机。宽行打印机可以打印 A3 幅面的纸,窄行打印机最大只能打印 A4 幅面的纸张;同时针式打印机可以打印穿孔纸,它在银行、机关、企事业单位电脑应用中发挥了很大作用;另外,针式打印机有其他机型所不能代替的优点,就是它可以打印多层纸,这使之在报表处理中的应用非常普遍。但针式打印机的打印效果比较普通,而且噪音较大,所以在普通家庭及办公应用中有逐渐被喷墨和激光打印机所取代的趋势。

针式打印机通过打印针头击打色带,把色带上的墨打在纸上形成文本或图形,现在的针式打印机通常都是 24 针打印机(即打印针头有 24 根针),我们可以调整打印头与纸张的间距,从而适应打印纸的厚度,而且可以改变打印针的力度,以调节打印的清晰度,但注意色带用旧了要及时更换。

喷墨打印机的价格也较便宜,而且它打印时噪音较小,图形质量较高,成为当前家庭打印机的主流。它也有宽行和窄行之分,而且有很多型号可以打印彩色图像,提供了一个较高的性能价格比。喷墨打印机适合打印单页纸,它的打印质量在很大程度上取决于纸张的质量。它的进纸方式及面板控制和针式打印机相似,但它是通过墨盒喷墨打印。

喷墨打印机的墨盒用完了也要及时更换,但相对于针式打印机来说消耗较高。更换墨盒的方法比较简单,一般打印机上都有比较直观的说明。

彩色喷墨打印机除了有黑色墨盒外，还有彩色墨盒，较高档的打印机的两个墨盒是同时安装在打印机上的，而有些比较便宜的打印机的两个墨盒需要替换使用，稍有不便，但质量还是可以保证的。

喷墨打印机在安装了新的墨盒后，一般都需要清洗打印头才能正常打印，在打印机的面板上通常都会有一个"清洗"打印头的按钮，有一些打印机在更换了墨盒后会自动地进行清洗。最好依据说明书来进行清洗操作。

激光打印机更趋于智能化，比如 HP6L 打印机，它没有电源开关，平时自动处于关机状态，当有打印任务时自动激活。它有自己的内存和处理器，能单独处理打印任务，大大减轻了计算机的负担。

激光打印机的分辨率很高，有的能达到 600 dpi(dpi 指每英寸所打印的点数)以上，打印效果精美细致，但其价格较高，所以常用于激光照排系统以及办公室应用。激光打印机也有宽行、窄行及彩色、黑白之分，但宽行和彩色机型都很昂贵，所以用于打 A4 单页纸的窄行黑白机型是目前比较普遍应用的。

激光打印机的耗材是硒鼓，HP5L/6L 打印机的一个硒鼓可以打印 3 000～4 000 页 A4 纸，当硒鼓中的碳粉消耗尽后，打印机出的文字就不清晰了，这时就要更换硒鼓。

对比来说，在针式、喷墨、激光打印机中，激光的效果最好，喷墨其次，而且这两种的噪音都很小，针式打印机的噪音相对较大，但它可以打多层纸，而且消耗材料相对较便宜，所以使用量仍然很大。

(2) 打印机与计算机的连接

打印机通过 25 针电缆线连接到电脑主机的并行端口(LPT)，它使用自己的电源接线。在连接打印机到电脑上时，注意要在断电情况下操作，带电插拔打印电缆会烧坏打印机和电脑的连接端口。

(3) 打印机的使用

将打印机与计算机连接后，必须要安装相应的打印机驱动程序才可以使用打印机。打印机驱动程序通常随系统携带，可以在安装系统的同时安装多种型号打印机的驱动程序，使用时再根据所配置的打印机的型号进行设置。

打印机的面板上都有控制按钮用于打印机操作，比如联机、进纸、退纸、微调等，通过打印机面板上的指示灯，我们能及时了解现在的打印情况，比如缺纸、联机、正在打印等状态。

计算机中的数制

数据是计算机处理的对象。计算机中的"数据"有着非常广泛的含义，它不仅包括数值、文字，还包括图形、图像、声音、视频等各种数据形式。这些数据在计算机内部一律采用二进制形式进行表示。

(1) 数制

按进位的原则进行计数，称为进位计数制，简称"数制"。在日常生活中经常要用到数制，通常以十进制进行计数，除了十进制计数以外，还有许多非十进制的计数方法。例如，60 分钟为 1 小时，用的是 60 进制计数法；1 星期有 7 天，是 7 进制计数法；1 年有 12 个月，是 12 进制计数法。当然，在生活中还有许多其他各种各样的进制计数法。

在计算机系统中采用二进制，其主要原因是由于其电路设计简单、运算简单、工作可靠、逻辑性强。不论是哪一种数制，其计数和运算都有共同的规律和特点。

逢 N 进一：N 是指数制中所需要的数字字符的总个数，称为基数。例如，十进制数用 0,1,2,3,4,5,6,7,8,9 等 10 个不同的符号来表示数值，这个 10 就是数字字符的总个数，也是十进制的基数，表示逢十进一。

位权表示法：位权是指一个数字在某个固定位置上所代表的值，处在不同位置上的数字符号所代表的值不同，每个数字的位置决定了它的值或者位权。而位权与基数的关系是：各进位制中位权的值是基数的若干次幂。因此，用任何一种数制表示的数都可以写成按位权展开的多项式之和。如十进制数"634.28"可以表示为：

$(634.08)10 = 6 \times (10)2 + 3 \times (10)1 + 4 \times (10)0 + 0 \times (10) - 1 + 8 \times (10) - 2$

位权表示法的原则是数字的总个数等于基数，每个数字都要乘以基数的幂次，而该幂次是由每个数所在的位置所决定的。排列方式是以小数点为界，整数部分自右向左 0 次方，1 次方，2 次方……小数部分自左向右负 1 次方，负 2 次方，负 3 次方……

(2) 常用的数制

日常生活中使用的数制有很多种，在计算机内部数据存储运算均采用二进制，有时为了书写和表示的方便也常常使用八进制数和十六进制数。

十进制数:逢十进一,由数字 0~9 组成。

二进制数:逢二进一,由数字 0,1 组成。

八进制数:逢八进一,由数字 0~7 组成。

十六进制数:逢十六进一,由数字 0~9,A~F(A~F 对应 10~15)组成。

(3) 数制间的转换

将数由一种数制转换成另一种数制称为数制间的转换。由于计算机采用二进制,但用计算机解决实际问题时对数值的输入输出通常使用十进制,这就有一个十进制向二进制转换或由二进制向十进制转换的过程。也就是说,在使用计算机进行数据处理时首先必须把输入的十进制数转换成计算机所能接受的二进制数;计算机在运行结束后,再把二进制数转换为人们所习惯的十进制数输出。这两个转换过程完全由计算机系统自动完成,不需要人们参与。

余数法:十进制整数转换成非十进制整数时采用余数法,用十进制整数除基数,当商是 0 时,将余数由下而上排列。

进位法:十进制小数转换成非十进制小数时采用进位法,用十进制小数乘基数,当积值为 0 或达到所要求的精度时,将整数部分由上而下排列。

位权法:非十进制数转换成十进制数时采用位权法,把各非十进制数按权展开求和。

例如:将十进制数 218.375 转换成二进制数:

整数部分,要"除 2 取余"

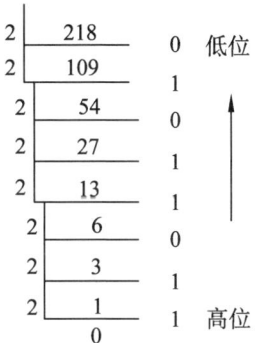

即(218)10=(11 011 010)2

小数部分,要"乘 2 取整"

```
            0.375
         ×     2
         ─────────
            0.750   0    高位
         ×     2              ↓
         ─────────
            1.500   1
         ×     2
         ─────────
            1.000   1    低位
```

即(0.375)10＝(0.011)2

最后结果：(218.375)10＝(11 011 010.011)2

反过来，若将二进制数 11 011 010.011 转换为十进制数，则用"位权法"：

(11 011 010.011)2＝1×27＋1×26＋0×25＋1×24＋1×23＋0×22＋1×21＋0×20＋0×2－1＋1×2－2＋1×2－2＝(218.375)10

二进制数与八进制、十六进制数之间的转换方法：

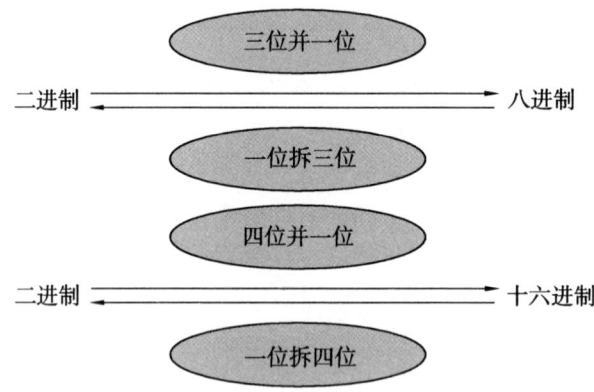

注意：整数从右向左、小数从左向右。

例如：将二进制数 100 110 110 111.001 01 转换成八进制数。

结果：(100 110 110 111.00 101)2＝(4 667.12)8

数值型数据的表示方式

计算机处理的数据分为数值型和非数值型两类。数值型数据指数学中的数值，具有量的含义，且有正负之分、整数和小数之分；而非数值型数据是指输入到计算机中的所有信息，没有量的含义。由于计算机采用二进制，所以输入到计算机中的任何数值型和非数值型数据都必须转换为二进制。

任何一个非二进制整数输入到计算机中都必须以二进制格式存放在计算机的存储器中,且用最高位作为数值的符号位,并规定二进制数"0"表示正数,二进制数"1"表示负数,每个数据占用一个或多个字节。这种连同数字与符号组合在一起的二进制数称为机器数,由机器数所表示的实际值称为真值。

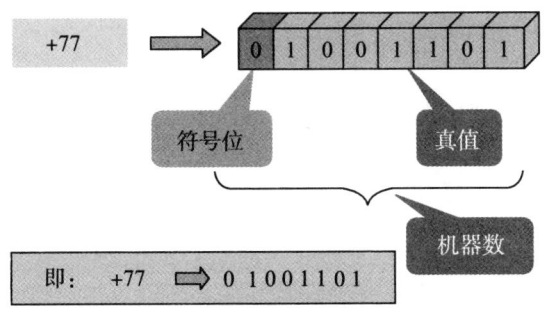

二进制数存储格式

在计算机中,机器数也有不同的表示方法,通常用原码、反码和补码三种方式表示,其主要目的是解决减法运算。任何正数的原码、反码和补码的形式完全相同,负数则各自有不同的表示形式。

原码:正数的符号位用 0 表示,负数的符号位用 1 表示,数值部分用二进制形式表示,这种表示法称为原码。

反码:正数的反码和原码相同,负数的反码是对该数的原码除符号位外各位取反。

补码:正数的补码和原码相同,负数的补码是反码加 1。

带小数点的数在计算机中用隐含规定小数点的位置来表示。根据小数点的位置是否固定,分为定点数和浮点数两种类型,相应地有数的定点表示和浮点表示两种方式。

ASCII 码

编码是指对输入到计算机中的各种非数值型数据用二进制数进行编码的方式。对于不同机器、不同类型的数据其编码方式是不同的,编码的方法也很多。为了使信息的表示、交换、存储或加工处理方便,在计算机系统中通常采用统一的编码方式,因此制定了编码的国家标准或国际标准。在输入过程中,系统自动将用户输入的各种数据按编码的类型转换成相应的二进制形式存入计算机存储单元中。在输出过程中,再由系统自动将二进制编码数据转换成用户可以识别的数据格式输出给用户。

字符是计算机中使用最多的非数值型数据,是人与计算机进行通信、交互的重要媒介,通常使用 ASCII 码表示字符。ASCII(American Standard Code for Information Interchange)码是美国标准信息交换码,已被国际标准化组织定为国际标准,是目前最普遍使用的字符编码,ASCII 码有 7 位码和 8 位码两种形式。

因为 1 位二进制数可以表示两种状态,0 或 1(2¹=2);2 位二进制数可以表示 4 种状态,00,01,10,11(2²=4);以此类推,7 位二进制数可以表示 $2^7=128$ 种状态,每种状态都唯一对应一个 7 位的二进制码,对应一个字符,这些码可以排列成一个十进制序号 0~127。所以,7 位 ASCII 码是用 7 位二进制数进行编码的,可以表示 128 个字符。而 8 位 ASCII 码是用 8 位二进制数进行编码的,可以表示 256 个字符。

例如,大写字母 A 的 ASCII 码值为 1 000 001,即十进制数 65,小写字母 a 的 ASCII 码值为 1 100 001,即十进制数 97。

在计算机的存储单元中,一个字符占一个字节(8 个二进制位)。

国标码

计算机在处理汉字信息时也要将其转化为二进制代码,这就需要对汉字进行编码。计算机处理汉字所用的编码标准是我国于 1980 年颁布的国家标准 GB 231280,即《中华人民共和国国家标准信息交换汉字编码》,简称国标码。国标码的主要用途是作为汉字信息交换码使用。

国标码与 ASCII 码属同一制式,可以认为它是扩展的 ASCII 码。在 7 位 ASCII 码中可以表示 128 个信息,其中字符代码有 94 个。国标码是以 94 个字符代码为基础的,其中任何两个代码组成一个汉字交换码,即由两个字节表示一个汉字字符。第一个字节称为"区",第二个字节称为"位"。这样,该字符集共有 94 个区,每个区有 94 个位,最多可以组成 94×94=8 836 个字。

在国标码表中,共收录了一、二级汉字和图形符号 7 445 个。其中图形符号 682 个,分布在 1~15 区;一级汉字(常用汉字)3 755 个,按汉语拼音字母顺序排列,分布在 16~55 区;二级汉字(不常用汉字)3 008 个,按偏旁部首排列,分布在 56~87 区;88 区以后为空白区,以待扩展。

国标码本身也是一种汉字输入码,由区号和位号共 4 位十进制数组成,通常称为区位码输入法。在区位码中,两位区号在高位,两位位号在低位。区位码可以唯一确定一个汉字或字符,反之任何一个汉字或字符都对应唯一的区位码。例如,汉字"啊"的区位码是"1601",即在 16 区的第 01 位;符号"。"的区位码是"0103"。

区位码最大的特点就是没有重码,虽然不是一种常用的输入方式,但对于其他输入方法难以找到的汉字,通过区位码却很容易得到,但需要一张区位码表与之对应。例如,汉字"丰"的区位码是"2365"。

机内码是指在计算机中表示一个汉字的编码。正是由于机内码的存在,输入汉字时就允许用户根据自己的习惯使用不同的汉字输入码,例如,拼音、五笔、自然、区位等,进入系统后再统一转换成机内码存储。国标码也属于一种机器内部编码,其主要用途是将不同的系统使用的不同编码统一转换成国标码,使不同系统之间的汉字信息进行相互交换。

机内码一般都采用变形的国标码。所谓变形的国标码是国标码的另一种表示形式,即将每个字节的最高位置 1。这种形式避免了国标码与 ASCII 码的二义性,通过最高位来区别是 ASCII 码字符还是汉字字符。

在计算机的存储单元中,一个汉字占 2 个字节(即 16 个二进制位)。

图像和声音的表示

一幅图像可认为是由一个个像素点构成的,每个像素点必须用若干二进制位表示现实世界五彩缤纷的颜色。当将图像分解为一系列像素点、每个点用若干比特表示时,这幅图像就被数字化了。数字图像数据量特别巨大,假定画面上有 150 000 个点,每个点用 24 个比特来表示,则这幅画面就要占用 450 000 个字节。如果想在显示器上播放视频信号 25 帧画面,相当于 1 125 000 个字节的信息量。因此,用计算机进行图像处理对计算机的硬件要求是比较高的。

声音是一种连续变化的模拟量,我们可以通过"模/数"转换器对声音信号按固定的时间进行采样,把它变成数字量,一旦转变成数字形式,便可把声音存储在计算机中并进行处理了。

计算机的工作过程

计算机工作的过程实质上是执行程序的过程。在计算机工作时,CPU 逐条执行程序中的语句就可以完成一个程序的执行,从而完成一项特定的任务。

(1) 计算机执行程序的过程

计算机在执行程序时,先将每个语句分解成一条或多条机器指令,然后根据指令顺序,一条指令一条指令地执行,直到遇到结束运行的指令为止。而计算机执行指令的过程又分为取指令、分析指令和执行指令三步。即:从内存中取出要执行的指令并送到 CPU 中,分析指令要完成的动作,然后执行操作,直到遇到结束运行程序的指令为止。

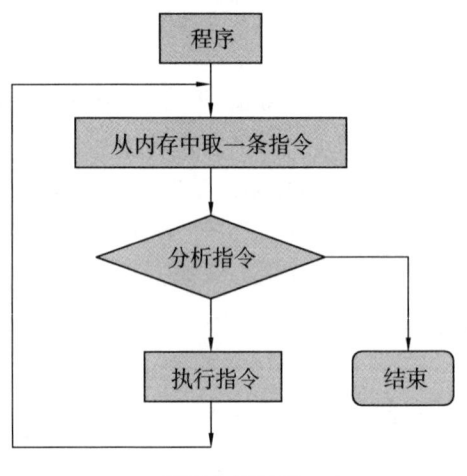

程序执行过程

(2) 计算机工作过程

从程序的执行过程可以看出,在计算机工作中有三种信息在流动:数据信息、指令信息和控制信息。

数据信息是指各种原始数据、中间结果、源程序等。这些信息由输入设备送到内存中。在运算过程中,数据从外存读入内存,由内存到 CPU 的运算器进行运算,运算后将计算结果再存入外存,或经输出设备输出。指令信息是指挥计算机工作的具体操作命令。而控制信息是由全机的指挥中心控制器发出的,根据指令向计算机各部件发出控制命令,协调计算机各部分的工作。

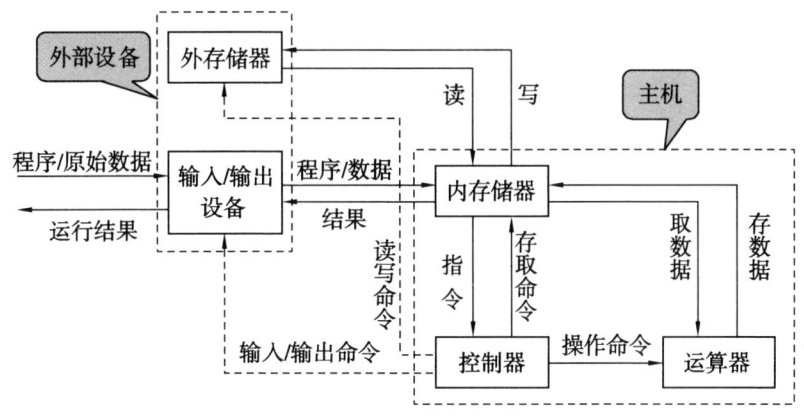

计算机工作原理示意图

计算机的这种工作过程是基于冯·诺依曼的"程序存储"概念设计出来的。冯·诺依曼是美籍匈牙利数学家,他在1946年提出了关于计算机组成和工作方式的基本设想。到现在为止,尽管计算机制造技术已经发生了极大的变化,但是就其体系结构而言,仍然是根据他的设计思想制造的,这样的计算机称为冯·诺依曼结构计算机。

计算机的性能指标

计算机功能的强弱或性能的好坏不是由某项指标决定的,而是由它的系统结构、指令系统、硬件组成、软件配置等多方面的因素综合决定的。对于大多数普通用户来说,可以从以下几个指标来大体评价计算机的性能。

(1) 运算速度

运算速度是衡量计算机性能的一项重要指标。通常所说的计算机运算速度(平均运算速度),是指每秒钟所能执行的指令条数,一般用"百万条指令/秒"(mips,Million Instruction Per Second)来描述。同一台计算机,执行不同的运算所需时间可能不同,因而对运算速度的描述常采用不同的方法。常用的有CPU时钟频率(主频)、每秒平均执行指令数(ips)等。微型计算机一般采用主频来描述运算速度,例如,Pentium/133的主频为133 MHz,

PentiumⅢ/800 的主频为 800 MHz，Pentium 4 1.5G 的主频为 1.5 GHz。一般说来，主频越高，运算速度就越快。

（2）字长

计算机在同一时间内处理的一组二进制数称为一个计算机的"字"，而这组二进制数的位数就是"字长"。在其他指标相同时，字长越大计算机处理数据的速度就越快。早期的微型计算机的字长一般是 8 位和 16 位。目前处理器大多是 32 位和 64 位。

（3）内存储器的容量

内存储器，也简称主存，是 CPU 可以直接访问的存储器，需要执行的程序与需要处理的数据就是存放在主存中。内存储器容量的大小反映了计算机即时存储信息的能力。随着操作系统的升级、应用软件的不断丰富及其功能的不断扩展，人们对计算机内存容量的需求也不断提高。目前，运行 Windows 95 或 Windows 98 操作系统至少需要 16 M 的内存容量，Windows XP 则需要 128 M 以上的内存容量，Windows 7 则需要至少 1 G 以上的内存容量。内存容量越大，系统功能就越强大，能处理的数据量就越庞大。

（4）外存储器的容量

外存储器容量通常是指硬盘容量（包括内置硬盘和移动硬盘）。外存储器容量越大，可存储的信息就越多，可安装的应用软件就越丰富。

（5）软件配置

配置有功能强、操作简单、又能满足应用要求的操作系统和丰富的应用软件。

以上只是一些主要性能指标。除了上述这些主要性能指标外，微型计算机还有其他一些指标，例如，所配置外围设备的性能指标以及所配置系统软件的情况等。另外，各项指标之间也不是彼此孤立的，在实际应用时，应该把它们综合起来考虑，而且还要遵循"性能价格比"的原则。

BIOS

BIOS 是 Basic Inputoutput System（基本输入输出系统）的缩写，它是一组存储在 EPROM 中的软件，固化在主板的 BIOS 芯片上，负责开机时对系统的各项硬件进行初始化设置和测试，以确保系统能够正常工作。若硬件不正常则立即停止工作,并把出错的设备信息反馈给用户。BIOS 包含了系统加电自检(POST)程序模块、系统启动自举程序模块。这些程序模块主要负责主板与其他计算机硬件设备通讯的作用。

CMOS 是一种存储 BIOS 所使用的系统存储器,是微机主板上的一块可读写的 ROM 芯片,用来保存当前系统的硬件配置和用户对某些参数的设定。当计算机断电时,由一块电池供电使存储器中的信息不被丢失。用户可以利用 CMOS 对微机的系统参数进行设置。

BIOS 是主板上的核心,由 BIOS 负责从计算机开始加电到完成操作系统引导之前的各个部件和接口的检测、运行管理。在操作系统引导完成后,由 CPU 控制完成对存储设备和 I/O 设备的各种操作、系统各部件的能源管理等。

计算机启动过程

对于计算机用户来说,打开电源启动电脑几乎是每天必做的事情,但计算机在显示这些启动画面的时候在做什么呢?大多数用户都未必清楚了。现在就向大家介绍一下从打开电源到出现 Windows 画面,计算机到底干了些什么工作。

电脑的启动过程中有一个非常完善的硬件自检机制。它在加电自检那短暂的几秒钟里,就可以完成 100 多个检测步骤。

第一步:当我们按下电源开关时,电源就开始向主板和其他设备供电,此时电压还不稳定,主板控制芯片组会向 CPU 发出并保持一个 RESET(重置)信号,让 CPU 初始化。当电源开始稳定供电后(当然从不稳定到稳定的过程也只是短暂的瞬间),芯片组便撤去 RESET 信号(如果是手动按下计算机面板上的 Reset 按钮来重启机器,那么松开该按钮时芯片组就会撤去 RESET 信号),CPU 马上就从地址 FFFF0H 处开始执行指令,放在这里的只是一条跳转指令,跳到系统 BIOS 中真正的启动代码处。

第二步:系统 BIOS 的启动代码首先要做的事情就是进行 POST(Power On Self Test,加电自检),POST 的主要任务是检测系统中的一些关键设备是否存在和能否正常工作,如内存和显卡等。由于 POST 的检测过程在显示卡初始化之前,因此如果在 POST 自检的过程中发现了一些致命错误,如没有找到内存或者内存有问题时,是无法在屏幕上显示出来的,这时系统 PIOS 可通过喇叭发声来报告错误情况,声音的长短和次数代表了错误的类型。在正常情况下,POST 过程进行得非常快,我们几乎无法感觉到这个过程。

第三步:接下来系统 BIOS 将查找显示卡的 BIOS,存放显示卡 BIOS 的 ROM 芯片的起始地址通常在 C0000H 处,系统 BIOS 找到显卡 BIOS 之后调用它的初始化代码,由显卡 BIOS 来完成显示卡的初始化。大多数显示卡在这个过程通常会在屏幕上显示出一些显示卡的信息,如生产厂商、图形芯片类型、显存容量等内容,这就是我们开机看到的第一个画面,不过这个画面几乎是一闪而过的,也有的显卡 BIOS 使用了延时功能,以便用户可以看清显示的信息。接着系统 BIOS 会查找其他设备的 BIOS 程序,找到之后同样要调用这些 BIOS 内部的初始化代码来初始化这些设备。

第四步:查找完所有其他设备的 BIOS 之后,系统 BIOS 将显示它自己的启动画面,其中包括有系统 BIOS 的类型、序列号和版本号等内容。

第五步:接着系统 BIOS 将检测 CPU 的类型和工作频率,并将检测结果显示在屏幕上,这就是我们开机看到的 CPU 类型和主频。接下来系统 BIOS 开始测试主机所有的内存容量,并同时在屏幕上显示内存测试的数值,就是大家所熟悉的屏幕上半部分那个飞速翻滚的内存计数器。这个过程我们可以在 BIOS 设置中选择耗时少的"快速检测"或者耗时多的"全面检测"方式。

第六步:内存测试通过之后,系统 BIOS 将开始检测系统中安装的一些标准硬件设备,这些设备包括硬盘、CDROM、软驱、串行接口和并行接口等连接的设备,另外绝大多数新版本的系统 BIOS 在这一过程中还要自动检测和设置内存的定时参数、硬盘参数和访问模式等。

第七步:标准设备检测完毕后,系统 BIOS 内部的支持即插即用的代码将开始检测和配置系统中安装的即插即用设备,每找到一个设备之后,系统 BIOS 都会在屏幕上显示出设备的名称和型号等信息,同时为该设备分配资源。

第八步:到这一步为止,所有硬件都已经检测配置完毕了,系统 BIOS 会重新清屏并在屏幕上方显示出一个系统配置列表,其中概略地列出了系统中安装的各种标准硬件设备,以及它们使用的资源和一些相关工作参数。

第九步:接下来系统 BIOS 将更新 ESCD(Extended System Configuration Data，扩展系统配置数据）。ESCD 是系统 BIOS 用来与操作系统交换硬件配置信息的数据，这些数据被存放在 CMOS 之中。通常 ESCD 数据只在系统硬件配置发生改变后才会进行更新，所以不是每次启动机器时我们都能够看到"Update ESCD... Success"这样的信息，不过，某些主板的系统 BIOS 在保存 ESCD 数据时使用了与 Windows 不相同的数据格式，于是 Windows 在它自己的启动过程中会把 ESCD 数据转换成自己的格式，但在下一次启动机器时，即使硬件配置没有发生改变，系统 BIOS 又会把 ESCD 的数据格式改回来，如此循环，将会导致在每次启动机器时，系统 BIOS 都要更新一遍 ESCD，这就是为什么有的计算机在每次启动时都会显示"Update ESCD... Success"信息的原因。

第十步：ESCD 数据更新完毕后，系统 BIOS 的启动代码将进行它的最后一项工作，即根据用户指定的启动顺序从软盘、硬盘或光驱启动。以从 C 盘启动为例，系统 BIOS 将读取并执行硬盘上的主引导记录，主引导记录接着从分区表中找到第一个活动分区，然后读取并执行这个活动分区的分区引导记录，而分区引导记录将负责读取并执行 IO.SYS，这是 DOS 和 Windows 最基本的系统文件。Windows 的 IO.SYS 首先要初始化一些重要的系统数据，然后就显示出我们熟悉的 Windows 开机画面，在这幅画面之下，Windows 将继续进行 DOS 部分和 GUI（图形用户界面）部分的引导和初始化工作。如果系统中安装有引导多种操作系统的工具软件，通常主引导记录将被替换成该软件的引导代码，这些代码将允许用户选择一种操作系统，然后读取并执行该操作系统的基本引导代码。

上面介绍的是计算机在打开电源开关（或按 Reset 键）进行冷启动时所要完成的各种初始化工作，如果我们在 DOS 下按 Ctrl＋Alt＋Del 组合键（或从 Windows 中选择重新启动计算机）来进行热启动，那么 POST 过程将被跳过去，直接从第三步开始，另外第五步的检测 CPU 和内存测试也不会再进行。无论是冷启动还是热启动，系统 BIOS 都会重复上面的硬件检测和引导过程，正是这个不起眼的过程保证了我们可以正常启动和使用计算机。

软件系统

计算机的软件内容丰富、种类繁多，根据软件用途可将其分为系统软件和应用软件两类,这些软件都是用程序设计语言编写的程序。

计算机软件系统组成

系统软件是指管理、控制和维护计算机系统资源的程序集合,这些资源包括硬件资源与软件资源。例如,对 CPU、内存、打印机的分配与管理,对磁盘的维护与管理,对系统程序文件与应用程序文件的组织和管理等。常用的系统软件有操作系统、各种语言处理程序和一些服务性程序等,其核心是操作系统。

系统软件是计算机正常运行不可缺少的,一般由计算机生产厂家研制或软件开发人员研制。其中一些系统软件程序在计算机出厂时直接写入 ROM 芯片,例如,系统引导程序、基本输入输出系统(BIOS)、诊断程序等。有些直接安装在计算机的硬盘中,如操作系统。也有一些保存在活动介质上供用户购买,如语言处理程序。

除了系统软件以外的所有软件都称为应用软件,是由计算机生产厂家或软件公司为支持某一应用领域、解决某个实际问题而专门研制的应用程序。例如,Office 套件、标准函数库、计算机辅助设计软件、各种图形处理软件、解压缩软件、反病毒软件等。用户通过这些应用程序完成自己的任务。例如,利用 Office 套件创建文档,利用反病毒软件清理计算机病毒,利用解压缩软件解压缩文件,利用 Outlook 收发电子邮件,利用图形处理软件绘制图形等。

操作系统

计算机在没有安装任何软件之前,则被称为"裸机",裸机是无法工作的。操作系统(Operating System)是直接运行在"裸机"上的最基本的系统软件,是系统软件的核心。

操作系统是控制和管理计算机硬件资源和软件资源的系统软件,是用户与计算机进行交互的接口,用户通过这个接口来管理和使用计算机。也就是说,用户通过操作系统提供的命令或窗口实现各种访问计算机的操作。

一个好的操作系统不但能使计算机系统中的软件和硬件资源得以最充分利用,还要为用户提供一个清晰、简洁、易用的界面。用户不用关心计算机资源的具体分配情况,通过使用操作系统提供的命令和交互功能,就可以方便地使用计算机。

(1) 操作系统的主要作用

提高系统资源的利用率,提供方便友好的用户界面,提供软件的开发与运行环境。

(2) 操作系统的主要功能

处理器管理:当多个程序同时运行时,解决处理器(CPU)时间的分配问题。

作业管理:为用户提供一个使用计算机的界面使其方便地运行自己的作业,并对所有进入系统的作业进行调度和控制,尽可能高效地利用整个系统的资源。

存储器管理:为各个程序及其使用的数据分配存储空间,并保证它们互不干扰。

设备管理:根据用户提出使用设备的请求进行设备分配,同时还能随时接受设备的请求(称为中断),如要求输入信息。

文件管理:主要负责文件的存储、检索、共享和保护,为用户提供文件操作的方便。

(3) 操作系统的分类

单用户操作系统(Single User Operating System):一次只能支持运行一个用户,计算机系统资源不能充分利用,如 DOS、Windows 等。

批处理系统(Batch Processing Operating System):将若干用户作业按一定的顺序排列,统一交给计算机系统,由计算机自动、顺序地完成这些作业,是一种多任务系统,如 IBM 的 DOS/VSE。

分时系统(Time Sharing Operating System)：是一种多用户系统。即多个用户共享一台计算机，操作系统分时地为每个用户服务。分时的时间单位叫时间片，多个用户按时间片轮转，如 UNIX。分时系统的特点是：交互性。用户通过终端向主机请求，主机执行后给出回答，即人机对话；及时性。计算机对用户的请求能在用户比较满意的时间范围内作出及时的响应；同时性。虽然计算机按时间片轮流地为每个用户服务，但是用户在感觉上是同时在使用计算机；独占性。用户彼此之间感觉不到对方的存在，仿佛独占了计算机。

实时系统(Real Time Operating System)：是对来自外界的作用和信息在规定时间内及时响应并处理的系统。要求在信息产生的同时进行处理，即实时处理。实时系统的特点：响应及时，高可靠性。

网络操作系统(Network Operating System)：将分散独立的计算机系统通过通信设备和线路互联起来实现信息交换、资源共享和协作处理的系统。

计算机文件

文件是存储在某种外存储介质上的一组相关信息的集合。如果文件中存放的都是数据，这种文件称为"数据文件"；如果文件中存放的是源程序清单或者是编译连接后生成的可执行程序，这样的文件统称为"程序文件"。

由于文件是存放在外存储介质上的，所以关闭计算机后文件仍存在，下次开机，可以从磁盘文件中读取数据。能长期保存数据是磁盘文件的特点，也是文件的主要用途之一。

(1) 文件名

为了区分外存储介质上不同的文件，必须给每个文件一个标志，能唯一标记某个文件，这就需要给每个文件取一个名字，称为文件名。操作系统按文件名对文件进行识别和管理，即所谓的"按名存取"。

文件名的一般格式为：主文件名.扩展名。

主文件名是文件的主要标记，用以标记不同的文件。主文件名由用户根据文件的内容加以命名，如果命名比较合理，从主文件名就可大体上知道相应文件的内容；扩展文件名是文件类型的标记，从扩展文件名可以看出文件所属的类别。例如，Word 文档的扩展名为 .doc；Excel 文档的扩展名为.xls。

Windows 文件命名有如下约定:文件名最多可以有 255 个字符,1 个汉字相当于 2 个字符。

通常多数文件都有 3 个字符的扩展名,用于标志文件类型和创建此文件的程序。

文件名中不能出现以下字符:

/ \ : * ? < > |

文件名不区分英文字母大小写。

(2) 文件属性

为了更有效地管理磁盘上的文件,对文件规定了不同的属性,包括系统、只读、隐藏和存档四种属性,每个文件可以具有其中的一种或多种属性。利用只读和隐藏属性可以保护文件不被他人读取和修改,利用存档属性可以进行文件的成批备份和复制,系统属性则说明文件本身是操作系统的组成部分。

(3) 文件目录

磁盘上可存放许多文件,为了便于管理,操作系统使用目录来分门别类地组织文件,这样可以大大方便文件的查找。操作系统将文件名存放在磁盘的特定位置上,这个特定位置上称为目录。目录中除包含文件名外,还包含了文件的其他信息,如文件的大小(字节数)、文件建立或修改的最后日期和时间、文件在磁盘上的起始位置(磁道号和扇区号)等。

一个文件在磁盘中的存放位置是随机分配的。为便于查找,要把它记录在磁盘上的块分配表(FAT)中,利用块分配表和文件目录就可完成磁盘上全部文件和自由空间的管理。

(4) 树形目录结构

计算机采用树形目录结构(也称层次结构)来组织文件和目录。该结构很像一棵倒挂的树,树根在上,树叶在下,中间是树枝,它们都称为节点。树的节点分为三类:根节点表示根目录,枝节点表示子目录,叶节点表示文件。根目录又称为系统目录,常用反斜杠(\)表示。每张盘上只有一个根目录,是在磁盘格式化时建立的,用户不能创建和删除它。在根目录下可以存放文件,也可以由用户创建许多不同名字的子目录,子目录下又可以建立多个子目录并存放一些文件。上级子目录和下级子目录之间的关系是父子关系，即父目录下可以有子目录，子目录下又可以有自己的子目录，呈现出明显的层次。

（5）目录名

为了便于目录的查找和访问，每个目录必须有一个名字，称为目录名。目录名的命名规则与文件名相同，也可以有扩展名，在同一目录下子目录不能重名。同样，同一子目录下的文件也不能重名。

（6）路径

所谓路径，就是从根目录或当前目录到所要找的文件、目录，须经过的全部子目录的顺序组合。各子目录名之间用反斜杠"\"分隔开。

为了对磁盘文件进行操作，必须能方便地找到该文件。无论是建立一个文件，还是查找一个文件，都要指出这个文件存放在哪个磁盘上，也就是说，要给出盘符，给出文件名，并要指出它包含在哪个目录中。

若这个文件在当前（运行的）目录中，则只要指出文件名，就可以建立或查找这个文件；若不在当前目录中，则给出从当前目录或从根目录至该文件所在目录所要经过的路径。

所以，为了访问某个确定的文件，文件的描述格式一般为：

盘符:路径\文件主名.扩展名

（7）文件夹

"文件夹"是 Windows 操作系统提出的一种名称。它实际上是 DOS 中目录的概念，在过去的 PC 机操作系统中，习惯于把它称为目录。树状结构的文件夹是目前微型计算机操作系统的流行文件管理模式。由于它的结构层次分明，容易被人们理解，所以使用也非常方便。

Windows

操作系统是整个计算机系统的控制和管理中心，是用户使用计算机的桥梁。Windows 已成为当今个人计算机领域占统治地位的一个操作系统系列，它提供了一种全新的图形用户界面，并具有多任务、支持多种外围设备等功能。这一系列主要包括 Windows3.x、Windows95、Windows98 和 Windows2000 及 Windows xp。目前使用较多的是 Windows xp 及 Windows 7，Windows 8 现已问世。

Windows 桌面

Windows 是一个完整的操作系统,每次启动计算机时,计算机首先对系统硬件进行检测,在显示一些系统信息后,直接进入 Windows 状态,并在屏幕出现下图所示的画面。

启动 Windows 后的整个屏幕称为桌面。在桌面上有多个上面是图形、下面是文字说明的组合,这种组合称为图标。桌面底部的长条称为任务栏。

(1) Windows 窗口

在 Windows 中,完成各种不同的操作都是在不同的窗口中进行的,这些窗口的外观基本一致,对窗口的操作也大致相同,下图便是一个典型的 Windows 窗口。

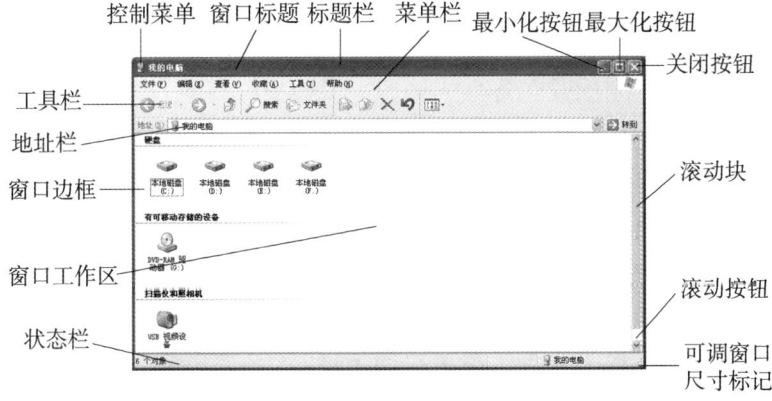

窗口组成示例

组成窗口的主要元素有窗口边框、标题栏、菜单栏、工具栏、地址栏和滚动条等。

边框:窗口边框是窗口四边的边界,边框可以有单边、双边以及无边框几种。

标题栏：标题栏总是位于一个窗口的最顶部，其中有一行标题文字，列出程序或窗口的名字，以及要处理的对象。标题栏是窗口的把手，可以提着把手将窗口在屏幕中移动（即拖动标题栏）。

当桌面上有多个窗口打开时，只有一个窗口处于活动状态（称为活动窗口或当前窗口）。活动窗口的标题栏和非活动窗口的标题栏颜色不同，缺省设置时活动窗口为蓝色，非活动窗口标题栏的颜色为灰色。单击非活动窗口中的任一处，可使其成为活动窗口，称为激活。

双击标题栏，可使窗口在"最大化"与"恢复"之间转换。

控制菜单图标：标题栏最左边是控制菜单图标，单击控制菜单图标将打开一个包含控制窗口大小等命令的控制菜单，双击控制菜单图标将关闭该窗口。

最小化按钮：单击该按钮则窗口消失，缩成一个位于任务栏上的标题按钮，该窗口仍处于打开状态，其中的程序仍在运行。单击任务栏中代表该窗口的按钮可重新将该最小化窗口正常化。

最大化按钮/复原按钮：单击该按钮可使窗口放大到整个桌面，当窗口被最大化后，最大化按钮变为复原按钮。单击复原按钮将使窗口恢复正常大小。

关闭按钮：单击该按钮将关闭当前窗口，结束窗口中应用程序的运行。

菜单栏：标题栏下面是菜单栏。它是一组命令的集合，用户通过菜单选择要执行的命令。

工作区：窗口内部的区域称为工作区，它是用户完成工作的位置。

滚动条、滚动按钮及滚动块：滚动条提供了一种在窗口中处理对象上下或左右滚动的方法。有上下滚动条和左右滚动条两种。在两种滚动条上都有带箭头的滚动按钮，利用它可以将工作区中的内容上下或左右移动。在滚动框中还有一矩形滚动块，拖动它到新的位置，窗口中的内容会一步到位地移动到与文件相对应的位置。

工具栏：工具栏一般位于菜单栏的下面，工具栏中的"工具"是一些按钮，代表一些常用的菜单命令，用户只要单击按钮，就能执行相应的命令，其效果与通过菜单完全一样。

在Windows系统中，程序的窗口功能虽然不同，但是一些工具按钮的样式及其用途都是相同的。例如常用的复制、剪切、粘贴等工具按钮。

(2) 对话框

对话框是 Windows 与用户进行信息交流的一个界面。为了用户获取信息,系统打开对话框向用户提问,用户通过回答问题来完成对话。Windows 中的对话框也用于显示附加信息和警告或解释没有完成操作的原因。

当执行了带有省略号(…)的菜单时,表示系统为执行此命令,还需要用户提供其他一些信息,此时屏幕上会弹出一个对话框来提问用户。它的外观和窗口类似,但不能改变大小。在 Windows 中,对话框的大小、形式、外观等虽各不相同,但大部分对话框的组成基本相似,主要由文本框、列表框、单选按钮、复选框、选项卡和命令按钮等组成。

对话框组成示例

由于 Windows 是一个图形界面的操作系统,所进行的操作都是通过相应的窗口、对话框和菜单来完成的,所以使用非常方便。

退出 Windows 一定要遵循一定的步骤,依照系统提示进行关机,否则可能会造成严重的后果,例如重要文件信息丢失等。

正确关机的方法是单击桌面左下角的"开始"按钮,在弹出的菜单中选择"关闭系统",单击此选项,系统将弹出"关闭 Windows"对话框。根据提示可以选择"关闭计算机""重新启动计算机"或将计算机转为"待机"状态。

数据库管理系统

数据(Data):是反映客观世界的事实,并可以区分其特征的符号,包括字符、数字、文本、声音、图形、图像、图表、图片等,它们是现实世界中客观存在的,并可以输入到计算机中进行存储和管理。

信息(Information):由原始数据经加工提炼而成的、用于决定行为、计划或具有一定语义的数据。

数据库 DB(Data Base):是现实世界中相互关联的大量数据及数据间关系的集合。

数据库管理系统 DBMS(Data Base Management System):是对数据库中的数据进行存储和管理的软件系统。包括存储、管理、检索和控制数据库中数据的各种语言和工具,是一套系统软件。

数据库系统 DBS(Data Base System):是对数据库和数据库管理系统的总称。是指相互关联的数据集合与操纵数据的软件工具集合。

我们举个例子来说,每个人都有很多亲戚和朋友,为了保持与他们的联系,我们常常用一个笔记本将他们的姓名、地址、电话等信息都记录下来,这样要查谁的电话或地址就很方便了。这个"通讯录"就是一个最简单的"数据库",每个人的姓名、地址、电话等信息就是这个数据库中的"数据"。我们可以在笔记本这个"数据库"中添加新朋友的个人信息,也可以由于某个朋友的电话变动而修改他的电话号码这个"数据"。不过说到底,我们使用笔记本这个"数据库"还是为了能随时查到某位亲戚或朋友的地址、邮编或电话号码这些"数据"。

实际上"数据库"就是为了实现一定的目的按某种规则组织起来的"数据"的"集合",在我们的生活中这样的数据库是随处可见的。如果把这样的"数据库"建立在计算机中,由计算机来完成对"数据"增删和修改,就需要有相应的软件,这就是"数据库管理系统"软件。

所以数据库系统是一个采用了数据库管理技术的计算机系统,用于保存和管理数据,并为用户提供各种服务,它由数据库、数据库管理系统、计算机系统和用户组成。

数据库中的数据是按一定结构组织存储的。根据数据组织方式的不同,数据库主要有关系型、层次型、网状型三种形式的数据库,即关系型数据库、层次型数据库、网状型数据库。由于关系型结构有严格的数学理论做基础,而且采用了人们非常熟悉的二维表组织和存储数据,易于为人们所接受，所以关系型数据库是目前应用最广的一种数据库系统。

目前，微机中常用的数据库系统主要有 Visual FoxPro、Access、SQLServer、Oracle、MySQL 等。

计算机语言及语言处理程序

人与人之间交流思想、交换信息使用的语言称为自然语言。但目前计算机直接接受和理解自然语言还不是非常完善，人机对话和交互必须使用计算机能"懂"的语言，其中很重要的一类就是程序设计语言（Programming Language），它用于书写计算机可以执行的程序。用程序设计语言来编写程序的过程称为程序设计（Programming），为解决实际问题而用程序设计语言编写的程序称为源程序（Source Program）。程序设计语言的种类很多，一般将其分为机器语言、汇编语言和高级语言三类。

（1）机器语言（Machine Language）

机器语言由机器指令组成，机器指令能被计算机直接识别和理解，因为它是根据计算机内部的工作原理和电路状态来设计的编程规约（规则和约定），由若干二进制数字"位"组成的指令。编程时，必须要排好存放每条指令的地址，以区分执行的先后次序及各指令之间的转接关系。由于机器语言是面向机器的，每一种机器语言所编写的程序只适用于某种特定类型的计算机。

用机器语言编写的程序无须经过翻译就可以直接使机器运作，故机器语言程序又称目标程序。用机器语言编制程序的优点是：占内存少，发挥机器特性，程序运行速度快。缺点是：难学、难编、易出错，程序的可读性和可移植性差。

这些缺点极大地限制了计算机的推广和应用，所以人们编程使用较多的是高级语言。

（2）汇编语言（Assembly Language）

针对机器语言的特点，人们开发出一种符号化的机器语言，有助于记忆与阅读。它本质上仍是一种低级语言，面向机器。

汇编语言开始了程序设计自动化的初级阶段。它用符号来表示指令的操作码和地址码，便于记忆。汇编语言中的语句与机器指令之间基本上是一对一的，格式也相似。用户仍需要熟悉具体机器。

用汇编语言编写的程序称为汇编语言源程序。它不能直接在计算机上运行，须经过汇编自动翻译并转换成目标程序才能执行，故运行速度慢一些，并要求使用者在使用汇编语言编程之前，预先为计算机系统配置相应的翻译或转换系统。

（3）高级语言（Algorithmic Language）

机器语言和汇编语言都是面向机器的，这些语言跟人们通常使用的自然语言差别很大，不利于计算机的推广与应用，一般称为"低级语言"。高级语言克服了机器语言和汇编语言依赖于具体机器的缺陷，使程序设计语言成为描述各种问题具体求解过程的算法语言，故也称为算法语言或过程语言。

高级语言独立于机器，它接近于人们习惯使用的自然语言，或近于数学语言，或近于某种领域中的专用语言，易于编程，易于阅读与维护，大大地提高了程序人员的软件使用率，也为软件的商品化提供了基础。

目前，人们使用的高级语言有多种，但每一种高级语言一般都有其最适用的领域。常用的高级语言有 C 语言、Java、C++、C♯等。

用高级语言编制的程序，机器不能直接接收和运行，必须经过翻译程序或编译程序对其进行加工翻译，产生一个机器能执行的目标程序。

将高级语言源程序变成机器能直接识别和执行的目标程序，可有两种方式：一种称为编译方式，计算机系统中预先配置一种称为编译系统的软件，当相应高级语言源程序输入后，它先把源程序整个地翻译并编排成用机器语言表示的目标程序，然后才能执行。另一种称为翻译方式，预先将一种称为解释系统的软件配置到计算机中，当源程序输入时，计算机逐句解释、检查和转换，若正确无误便立即执行。

常用办公软件

Microsoft Office 是微软公司开发的办公自动化软件。Office 是一个庞大的办公软件和工具软件的集合体，包括字处理软件 Word、表格处理软件 Excel、幻灯片演示软件 PowerPoint、网页制作软件 Frontpage、数据库管理软件 Access 等。其中每一个应用软件都有一个独特的应用方面，为适应全球网络化需要，它融合了最先进的因特网技术，具有更强大的网络功能；Office 不仅是人们日常工作的重要工具，也是日常生活中用计算机处理问题不可缺少的得力助手。

（1）Word

中文 Word 是 Office 中的文字处理软件。它充分利用 Windows 图文并茂的特点，为用户进行文字处理、表格制作、图文混排提供了功能齐全、使用方便的"所见即所得"环境。

使用 Word 进行文档处理通常需要以下几个步骤：

启动 Word 应用程序、创建文档、录入文字内容、文本格式设定、版面修饰，最后打印文稿。

① 启动 Word 应用程序

单击 Windows"开始"按钮，在弹出的菜单中选择"程序"命令，然后单击程序级联菜单中的"Microsoft Word"选项，即可启动 Word 应用程序。Word 的操作界面包括文档窗口、标题栏、菜单栏、工具栏、文档编辑区、滚动条和状态栏等。

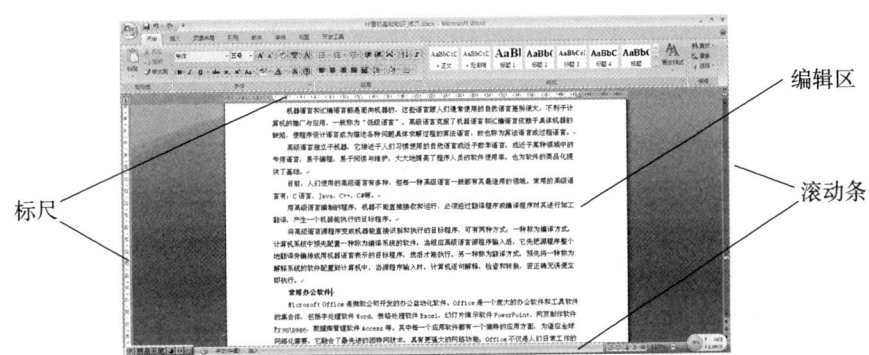

Word 的操作界面

其中的标尺分水平标尺和垂直标尺，其作用是控制文档在页面中的位置。

利用水平标尺上的"首行缩进钮""左缩进钮""右缩进钮"等可以缩进全文或光标所在的段落，调整页面的左右边距，改变表的宽度，设置制表符位置等。利用垂直标尺可调整页面的上下边距和表格的高度。

编辑区用于对文本、表格、图形或其他文档信息进行输入、加工和编辑。

滚动条包括垂直滚动条和水平滚动条，用来查看文档显示位置。滚动条上的滑块标示出窗口在整个文件中的相对位置。

② 创建文档

在刚刚启动 Word 后,首先看到的是 Word 自动打开的一个新的空白文档窗口,此时即可键入文字。在 Word 工作的任何时候,如果用户都可以使用工具栏的"新建文件"按钮或使用"文件"菜单中的"新建"命令创建一个新文件,把需要建立的文件内容录入到打开的空文档,而后通过"文件"菜单中的"保存"命令将其存入磁盘(存盘时给定文件名),这样一个新的文件就被建立了。

③ 录入文字内容

用户可以在上述空白文件中录入文字,窗口有一个闪烁的光标(插入点),指示字符录入的位置,录入文字,插入点自动向后移动,录入的文字被显示在屏幕上。

Word 有其自动约定的行宽,当用户输入文字到达右边界,Word 会自动换行,到下一行继续输入,如果在到达右边界之前结束该行,可使用回车键。

录入中发现错误,可使用编辑手段及时进行修改。使用"插入"菜单中的相应命令还可以在文本中插入特殊符号、图片等其他对象。

④ 格式设定

如果要对录入的文本内容进行文字大小、字体和段落格式的设定,可使用"格式"菜单中的"字体"或"段落"命令。

⑤ 版面修饰

利用"文件"菜单中的"页面设置"命令可对整个文本的版面进行设置。

⑥ 打印文稿

文本录入、设置完成之后,可通过"文件"菜单中的"打印"命令进行打印。这样就完成了一篇文稿的处理工作。

(2) Excel

Excel 是 Office 家族中的另一重要成员,是进行表格式数据处理与分析的软件,广泛应用于财务、统计、审计、分析等众多的数据运算处理领域。

工作簿:一个 Excel 文件就是一个工作簿,一个工作簿可由一个或多个工作表组成,工作簿的名称会显示在标题栏上,启动 Excel 后,默认的工作簿名是"Book1.xls"。

工作表:工作表是按行和列排列的单元格的集合,一张工作表可以由 65 536 行、256 列单元格组成,每一个工作表与一个工作表名相对应。虽然在使用 Excel 时,大部分精力集中于工作表,但工作表的保存是以工作簿的方式实现的。

单元格:单元格是组成工作簿的基本单位,它按照所在的行列位置来命名。行号用数字表示,一个工作表最多有 65 536 行,所以行编号为 1~65 536;列编号用字母表示,依次为:A~Z,AA~AZ,BA~BZ…IA~IV,共 256 列。如位于第 1 行、第 A 列的单元格为 A1,位于第 5 行、第 C 列的单元格为 C5,A1、C5 被称为相应单元格的单元格地址。

若要选择某个单元格,则将鼠标指向它并单击鼠标左键,当前被选中的单元格称为活动单元格,四周以粗边显示,同时它所对应的行号和列号也将以粗体显示,该单元格的地址也将出现在编辑栏的"名称框"中。可以向活动单元格内输入文字、数字、公式等内容。

在 Excel 中,工作簿和工作表的关系就像账册和账页的关系一样,每次打开一个 Excel 文件,就如同翻开一本账册,工作表就是账册中的一页,单元格相当于账册中的一个数字位置。描述一本账册中某个数字的具体位置,必须给出三个参数:即哪个工作表、哪一行、哪一列。

用 Excel 进行表格处理的基本步骤如下:

① 启动 Excel

单击 Windows 窗口的"开始"按钮,从"开始"菜单中选择"程序"项,打开"程序"级联菜单,从中选择"Microsoft Excel",即可启动 Excel。

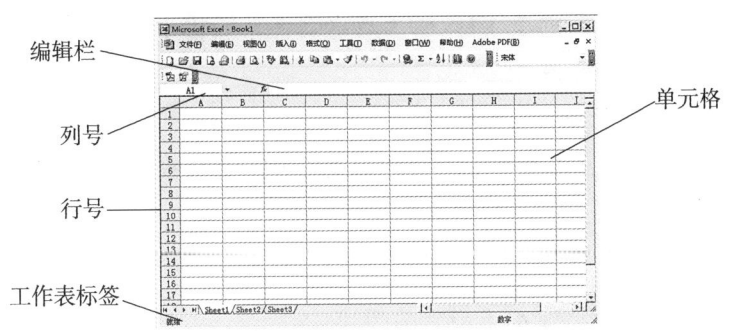

Excel 的窗口组成

Excel 的编辑栏位于工作簿窗口的上方,用于输入或编辑工作表的数据或公式,它也可以显示当前编辑的数据和地址,如果没有选定编辑内容,"取消"按钮和"确认"按钮将不会被显示。

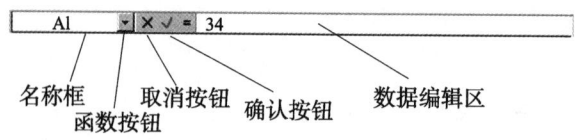

Excel 的编辑栏

名称框：可以显示当前单元格的名称。

取消按钮：表示取消当前单元格内输入的数据。

确认按钮：表示确认当前单元格内输入的数据。

函数按钮：单击此按钮打开"函数"列表，可从中选择所需要的函数。

数据编辑区：当向单元格输入数据时，除了在单元格本身显示数据外，在数据编辑区中也会显示输入的数据。若输入的是公式，则数据编辑区会显示公式的内容，而单元格中显示计算结果。

编辑栏中的"＝"用于向单元格中输入公式和函数时使用。

② 输入表格中的数据

Excel 允许向单元格中输入文字、数字、时间、日期以及公式等五种类型的数据。单击某单元格，使其成为"活动单元格"后，即可向该单元格中输入数据。数据输入后，用鼠标单击编辑栏中的"√"按钮确认输入，也可直接按回车键、Tab 键或光标移动键，直接移动到下一单元格进行输入，如果要取消刚才的输入，则单击编辑栏中的"×"按钮，如果修改已输入的数据，则只要用鼠标双击要修改的单元格，插入点出现在单元格中，即可进行修改，也可在编辑栏中直接修改。

③ 对表格进行统计、计算

可以通过输入公式或使用 Excel 中提供的函数，完成数据的统计、运算功能。

④ 根据需要进行表格数据分析

为了便于查看数据的统计、分析结果，可以利用"插入"菜单中的"图表"命令，将表格中的数据以图表的形式显示。

⑤ 根据需要设置表格格式

通过"格式"菜单中的相应命令，可对表格的格式进行设置。

⑥ 输出表格

利用"文件"菜单中的"页面设置"和"打印"命令，可将设置好的表格或图表送打印机打印输出。

（3）PowerPoint

PowerPoint 和 Word、Excel 等应用软件一样，都是 Microsoft 公司推出的 Office 系列产品之一，主要用于设计制作广告宣传、产品演示的电子版幻灯片，制作的演示文稿可以通过计算机屏幕或者投影机播放。随着办公自动化的普及，PowerPoint 的应用越来越广。

在 PowerPoint 中，演示文稿和幻灯片这两个概念是有差别的，利用 PowerPoint 制作的文件叫做演示文稿。而演示文稿中的每一页就叫幻灯片，每张幻灯片都是演示文稿中既相互独立又相互联系的内容。要建立一个演示文稿，需要以下几个过程：

① 演示文稿的建立

单击 Windows 窗口的"开始"按钮，从"开始"菜单中选择"程序"项，打开"程序"级联菜单，从中选择"Microsoft PowerPoint"进入 PowerPoint 后，将显示一个对话框，其中提供了三种建立演示文稿的方法：内容提示向导、设计模板和空演示文稿。如果要新建演示文稿，就从中选择一种方法。

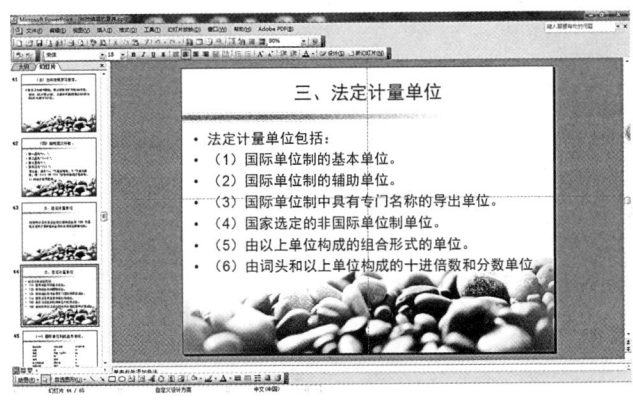

PowerPoint 的操作界面

② 设置幻灯片格式

在 PowerPoint 中，可以对幻灯片中的文字设置各种属性，如字体、字号、字形、颜色和阴影等，或者设置项目符号，使文本看起来更有条理、更整齐；给段落设置对齐方式、段落行距和间距，使文本看起来更错落有致。

③ 演示文稿的修饰

通过"格式"菜单中的相应命令，可以改变幻灯片的背景、版式；通过"插入"菜单可以在幻灯片中插入图片,以增加幻灯片的可观赏性。

④ 幻灯片的放映设置

通过"幻灯片放映"菜单,可以设置幻灯片的切换效果,还可以设置幻灯片中对象的动画效果,以增加幻灯片放映的活泼性和生动性。

保存制作好的演示文稿,以备需要时随时播放。

金山中文办公组合软件

金山(KingSoft)公司发布的中文集成办公系统软件 WPS 是英文 Word Processing System 的缩写,一经推出便好评如潮,深受到各界用户的欢迎和称赞。它以操作简便、功能齐全、实用方便等优点在集成办公系统领域一枝独秀,备受用户青睐,成为中文办公软件的典范之作。

伴随着互联网时代的来临,国内越来越多的政府部门、企事业单位加快了信息化办公的速度,现在的办公已经不再是简单的文件处理工作,如何利用电子表格统计考核管理、利用会议幻灯提高会议质量、利用网页编辑定制企业网站等都已经逐步进入企业办公的范畴。为了适应这一新的发展潮流,满足各种不同的办公需求,金山公司及时地推出了一套全新的办公组合——WPS Office。

WPS Office 具有以下六大功能:

(1) 文件编辑(文字、表格处理与图文排版)

WPS Office 在已有文字处理功能基础上,增加了许多新功能:超级链接设置、格式刷、自动编号、脚注、尾注、修订功能、文字背景色、保护文档表单域、对象动作设定、对象渐变色、对象默认属性设定等。

(2) 电子表格

全新电子表格制作工具,主要面向需要进行大量数据计算和处理的企业用户。支持多工作簿立体表格的方式;支持 90 多种常用函数计算;条件表达式;自动重算;跨表计算;排序、自动填充、丰富的统计图表;能以控件方式提供 ET 表;能存为 HTML 格式文件;能固定表头、表翼;兼容 Excel 文件格式。

(3) 邮件管理

WPS Office 具有功能强大的电子邮件接收、管理功能。提供邮件加密发送、远程邮箱管理、排序收取、垃圾邮件过滤器、自动识别内码以及邮件查毒等独具特色的功能。WPS Office 编辑的文档可以直接通过电子邮件进行传送,而接收者可以在 WPS Office 中对邮件再次编辑。

(4) 多媒体演示制作

全新的专业化的多媒体演示文档制作系统;支持演示模板;大纲模式;配色方案;演示页版式;对象动作设置、链接、跳转;整页插入、删除、拖动;动画效果即时预览;提供图案、素材、音效库;支持多页并打;兼容 PPT 格式;灵活的背景、外观切换。

(5) 网页浏览

提供基本的网页浏览功能。支持收藏夹、历史记录等。

(6) 图片浏览

支持常见的图像格式,提供目录浏览框和图片预览框以及缩略图等浏览方式,而且还添加了图像处理功能。

办公自动化软件

Lotus 提供一种办公自动化软件开发平台,它由 Lotus Domino 和 Lotus Notes 组成。

Lotus Notes 是具有通信、协同操作、协同运行三大功能特性的产品,它的主要目的是加强使用者之间的联系,使用户们能更好地协同工作,提高工作效率。大型公司、企业可用 Lotus Notes 作为它们的办公软件平台,Lotus Notes 支持多种操作系统,它不仅可以在 Microsoft Windows 下运行,也支持 OS/2、UNIX 等系统,能满足各类企业的应用。

Lotus Notes 是一种文档型数据库应用平台,用户不但可以使用其提供的基本功能,也可以在其上进行二次开发,得到更适合本单位使用的各种模块。

Lotus Domino 就是 Lotus Notes 服务器端软件,即可以把 Lotus 系列软件分为两大部分:Domino 和 Notes 客户端,在服务器端运行 Domino,上面放置用户需要共享使用的资源,而在各个终端上运行 Notes 客户端软件,通过服务器与其他用户进行信息交换,并可使用本地的一些资源。

Lotus Notes 最擅长的是通讯功能,它能为企业带来的最大益处也就是加强部门内、部门间的协作,使整个企业内部的信息流有组织、高效地按照一定规范流程流动,通过对信息流的控制,加强企业个体间联系,令整个企业高效运作。而企业的网站可采用 Domino 服务器作为他们的 Web 服务器,将企业内部的部分信息发布到互联网上,供广大用户群访问。

所以通过 Lotus 可以将个人办公、公文管理、办公事务、信息服务、辅助决策和系统配置等功能集于一体,实现真正意义的办公自动化。

图形图像文件类型

随着计算机软硬件技术的发展,计算机的数据处理能力越来越强,人们开始用计算机处理和表现图形、图像和声音等,这些媒体形式在计算机中的数据逻辑表现形式是文件,对应为图形描述语言数据、静态图像数据、声音数据、动画图像数据等,它们都有严格规范的数据描述类型。

图形和图像是重要的媒体表现形式,也是多媒体技术在计算机中的重要研究领域,这里图形和图像是两种不同的概念,不能混为一谈。

图形是采用数据描述算法语言生成的矢量化图形,是通过计算机运算而形成的抽象化结果,由矢量线段构成,因此具有缩放不失真、文件小、线条圆滑等特点。

图像是采用逐个描述像点的方法,直接量化原始信号生成的位图,又称点阵图。它的表现能力比图形要强,色彩层次丰富,适于表现自然的、细节的事物。

根据不同的使用领域和场合,图形和图像的数据结构和类型也不相同,这就在计算机中形成了各种不同的图像文件类型。常见的有 BMP、TIFF、PNG、GIF、JPEG 等。

声音文件及类型

声音的存储表现方式有两种:模拟声音和数字声音,在计算机中的声音是经过数字化后的数字声音,以数据文件形式存放,又被称为音频文件。音频文件也有多种各具特色的格式类型,主要有波形文件、CDDA 文件、压缩文件、MIDI 文件等。

多媒体技术

人们通常说的"媒体"(Media)包括两点含义,一是存储和传递信息的物理载体,如光盘、磁盘、纸张等。二是指承载信息的表现媒介,如文字、声音、图像等。这两点又被称为存储媒体和表示媒体。

多媒体技术是以数字技术为基础,融通信技术、广播技术和计算机技术为一体,能够对文字、图形、图像、声音、视频等多种媒体信息进行存储、传送和处理的综合性高新技术。多媒体技术的迅速发展,为开辟计算机更广泛的应用树立了一个新的里程碑。

多媒体处理

多媒体处理主要是指对多媒体数据的加工、处理和存储。它主要包括图像的处理、动画的处理和音频的处理等。

图像处理:对图形图像的设计、制作、加工压缩和解压缩等。主要手段为通过扫描仪、数码相机、软件绘图方式获取。利用图像处理软件进行各种编辑和处理,进行图像文件格式的转换等。

动画处理:对动画与视频进行加工和处理,主要是使用多媒体计算机通过动画制作软件、视频处理软件对动画和视频信号进行加工和处理。

声音处理:对声音的处理主要包括数字化音频的采集、声音转换文字、MIDI创作编辑、使用音频处理软件对数字音频进行多媒体形式的加工处理及声音的还原等。

多媒体数据存储:多媒体处理的数据一般数据量很大,存储问题就非常重要,必须寻求容量大、速度快、经济可靠的存储介质。

多媒体数据压缩技术

多媒体文件的数据量一般很大,存储、传送和携带非常方便,更重要的是在互联网飞速发展的今天,对信息数据的传输速度要求很高,这就需要对多媒体数据采用压缩技术,减少数据量,以提高存储和传输效率。

多媒体数据压缩技术的主要应用领域是对图像信号、视频信号和音频信号的编码进行压缩,根据对压缩后的数据进行解码是否能无损的获得压缩编码前的原始数据,一般将压缩分为有损压缩编码和无损压缩编码。

(1)无损压缩编码:该编码压缩时数据不会丢失,解压后能获得与原始数据完全一致的数据,具有可恢复性和可逆性,一般压缩相对较小的数据,典型的无损压缩编码有霍夫曼编码、算术编码、行编码（RLB）等。一般都用于对数据要求严格准确，不允许丢失数据的领域，如卫星通信、医疗成像、全球定位系统等。

（2）有损压缩编码：该种方式的编码在压缩编码时会丢弃部分数据，使还原后的数据与原始数据存在差异，具有不可恢复性和不可逆性。主要类型有预测编码、PCM 编码、量化与向量量化编码、频段划分编码、变换编码等。

计算机使用的图像压缩编码方法有多种国际的标准和工业标准，目前使用较为广泛的典型的编码压缩标准有 JPEG、MPEG。

JPEG 由 ISO 和 IEC 的一个下属机构联合图像专家组负责制定的静态数字图像压缩标准。JPEG 算法是一个国际上通用的压缩标准算法。该标准可用于灰度及彩色图像。

MPEG 是由 ISO 和 IEC 两个机构联合组成的"运动图像专家组"于 1990 年形成的标准草案，包括 MPEG1 和 MPEG2。

该小组在 1999 年发布了 MPEG4 标准，目前又发布了 MPEG7 多媒体内容描述标准等，极大地推动了数字视频的发展和应用。

常用媒体播放工具

多媒体播放工具主要用于显示浏览或播放图像、音频、视频等多媒体数据。常用的软件主要有：

（1）Windows Media Player

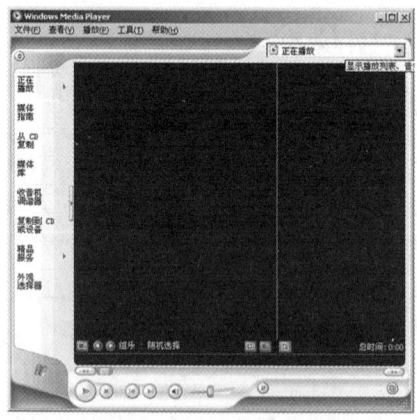

Windows Media Player 主界面

Windows Media Player 是微软 Windows 操作系统内置的多媒体播放器，主要用于控制多媒体设备及播放多媒体文件，该软件可支持多种类型的声音、音乐、动画、视频等。

（2）Winamp

Winamp 是由 NullSoft 公司出品的 MP3 播放器，在众多 MP3 格式的音乐播放器中，Winamp 出道最早，是一个非常著名的高保真的音频播放软件。

Winamp 主界面

（3）RealPlayer 流媒体播放器

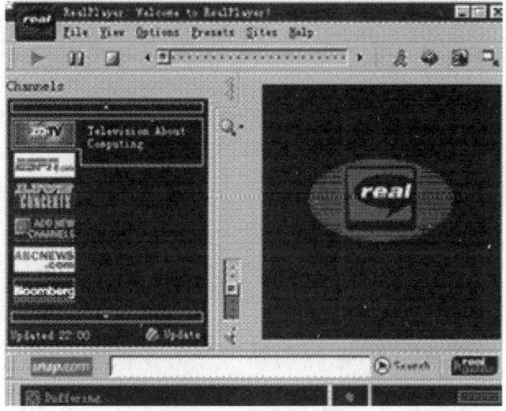

RealPlayer 主界面

RealPlayer 是网上收听、收看实时音频、视频和 Flash 的最佳工具,让你享受更丰富的多媒体体验。RealPlayer 是一个在因特网上通过流技术实现音频和视频的实时传输的在线收听工具软件,使用它不必下载音频/视频内容,只要线路允许,就能完全实现网络在线播放,极为方便地在网上查找和收听、收看自己感兴趣的广播、电视节目。RealPlayer 也可直接从网站(http://www.Real.com/)上下载。

(4) FlashView 播放器

在 Flash 动画日趋流行的今天,拥有一个 Flash 播放器是至关重要的,FlashView 便是一个优秀的 Flash 播放器,它提供了良好的播放控制和动画管理解决方案,并引用了帧播放的概念,可以随意进行跳帧,像看 VCD 一样观赏 Flash。

FlashView 主界面

计算机中的动画

动画是将静态的图形图像按一定时间顺序逐个显示而形成的连续动态的画面,计算机动画是在传统动画意义上使用计算机多媒体技术设计创作的动画。按照动画运动性质,电脑动画可分为帧动画和矢量实时动画。

所谓帧动画指动画的基本元素是帧,它借鉴了传统动画方式,由多帧组成一部动画,帧动画主要用在传统动画片制作等领域。

矢量实时动画是用算法来实现画面的动态,一般是经过电脑计算而生成的动画,该种动画只有一帧,主要表现变换的图形、线条、文字、图案。矢量动画一般通过编程方式和某些矢量动画制作软件来制作。

根据动画内容的画面数量的关系,计算机中的动画还可分为全动画和半动画。

全动画是指每秒播放 24 帧或 24 帧以上的动画,一般为了追求画面的流畅、细腻。这种动画效果极佳,常用于大型的动画片和商业广告,一般制作、设计代价很高。

半动画被称为有限动画,一般采用低于 24 帧的画面,半动画制作的工作量比全动画要少,耗费资金也相对较少,不需要像制作全动画那样高昂的经济开支。当然对于动画制作者来说制作全动画与制作半动画在技巧上并没有太大的差别,不同之处在于制作画面的工作量。

目前,计算机中的动画制作软件种类很多,一般都具备大量的编辑和效果工具及素材库,不同的软件可制作不同类型格式的动画作品。常见的动画制作软件有 Flash、Animator Pro、Animator Studio、3DS MAX、COOL3D、MAYA 等。

另外,计算机中常见的动画视频文件格式还有 GIF、SWF、FLC、AVI、MOV。

办公自动化

办公自动化(OA,Office Automation)是将现代化办公和计算机网路功能结合起来的一种新型的办公方式,是当前新技术革命中一个非常活跃和具有很强生命力的技术应用领域,是信息化社会的产物。通过网络,组织机构内部的人员可跨越时间、地点协同工作。通过 OA 系统所实施的交换式网络应用,使信息的传递更加快捷和方便,从而极大地扩展了办公手段,实现了办公的高效率。

平板电脑

平板电脑(Tablet Personal Computer),是一种小型、方便携带的个人电脑,以触摸屏作为基本的输入设备。它拥有的触摸屏(也称为数位板技术)

允许用户通过触控笔或数字笔来进行作业而不是传统的键盘或鼠标。用户可以通过内建的手写识别、屏幕上的软键盘、语音识别或者一个真正的键盘（如果该机型配备的话）操作。平板电脑由比尔·盖茨提出，支持来自 Intel、AMD 和 ARM 的芯片架构，从微软提出的平板电脑概念产品上看，平板电脑就是一款无须翻盖、没有键盘、小到放入女士手袋，但却功能完整的 PC。

  2010 年，苹果 iPad 在全世界掀起了平板电脑热潮。平板电脑对传统 PC 产业，甚至是整个 3C 产业带来了革命性的影响。同时，随着平板电脑热度的升温，不同行业的厂商，如消费电子、PC、通讯、软件等厂商都纷纷加入到平板电脑产业中来。一时间，从上游到终端，从操作系统到软件应用，一条平板电脑产业生态链俨然形成，平板电脑各产业生态链环节快速发展。

平板电脑

四、计算机网络技术

信息高速公路

高速公路大家都知道,当行驶在高速公路上时,最大的感受可能就是"快"。如果把各地的高速公路连接在一起,就形成了连接全国各省各地的高速公路网,为人们出行带来方便,同时也促进了社会经济的发展。

我们在这里说的"高速公路",不是由沥青水泥铺就的普通高速公路,而是"信息高速公路"。

随着时代的发展,越来越多的人开始使用计算机,并通过互联网获得各种信息。互联网就像是一个庞大的信息库,人们经常通过互联网获得各种形式的信息,文字的、音频的、视频的等等。

为适应越来越多的信息传输对高带宽的需要,美国最早提出了"信息高速公路"这个概念。1992年,当时的参议员阿尔·戈尔提出美国信息高速公路法案。1993年9月,美国政府宣布实施一项新的高科技计划——"国家信息基础设施"(National Information Infrastructure,简称NII),旨在以因特网为雏形,兴建信息时代的高速公路——"信息高速公路",使所有的美国人方便地共享海量的信息资源。

信息高速公路旨在建立一个能提供超量信息的,由通信网络、多媒体联机数据库以及网络计算机组成的一体化高速网络,向人们提供图、文、声、像信息的快速传输服务,并实现信息资源的高度共享。

紧随美国的信息高速公路计划之后,欧盟、加拿大、俄罗斯、日本等纷纷效仿,相继提出各自的信息高速公路计划,投入巨资实施国家的信息基础设施建设,一场建设信息高速公路的热潮在世界范围内涌动。

信息高速公路的"路"是由光缆、双绞线、无线电波等构成的。计算机把信息数字化，然后由网络接口把这些数字化信息传递出去。一根细如头发丝的单股光纤，它所能传送的信息要比普通铜线高出 25 万倍；一根由 32 条光纤组成、直径不到 1.3 厘米的光缆，可以同时传送 50 万路电话和 5 000 个频道的电视节目。由此可知，通过以光纤为骨干的信息高速公路传输数据速度极快。

信息高速公路上行驶的"车"，则是巨量的多媒体信息，包括电话通信的语音信息、计算机通信的数据信息、高清晰度电视和电影等的图像、视频信息。如此大的信息量，只有宽带的信息高速公路才能承载得了，用传统的网络传输必定会出现"网络塞车"。

信息高速公路给人们展示了一幅诱人的画卷：可视电话、网络购物、无纸贸易、电视会议、居家办公、远程教育、远程医疗、视频点播、知识点播。这些原本出现在科幻电影和文学作品中的场景将变为现实。

总之，信息高速公路的建成，将彻底改变人类的工作、学习和生活方式，其影响将超过今天的铁路与高速公路。

计算机网络概述

在计算机得到快速普及使用的 20 世纪 80～90 年代，以单机形式使用的计算机是主流，这也是当时将计算机叫做"PC"（英文"个人计算机"缩写）的原因。

此后，越来越多的应用领域需要计算机联合起来工作，从而促进了计算机和通信这两种技术紧密的结合，形成了计算机网络。例如，银行业务，为了实现通存通兑，就要使用户的信息能在各营业网点共享，因此就要把各网点计算机通过一定的方式相互连接起来，以实现信息的传递和共享。

简单地说，计算机网络就是两台或多台计算机通过电缆或其他传输介质连在一起，这样它们可以实现资源共享和信息交换。

准确地说，计算机网络就是用通讯设备和线路，将处在不同地理位置、操作相对独立的多个计算机连接起来，再配置一定的系统软件和应用软件，在原本独立的计算机之间实现软硬件资源共享和信息传递，那么这个系统就成为计算机网络。

计算机网络最主要的功能表现在两个方面：一是实现资源共享（包括硬件资源和软件资源）；二是在用户之间交换信息。计算机网络的作用不仅使分散在网络各处的计算机能共享网上的所有资源，并且还为用户提供强有力的通信手段和尽可能完善的服务，从而极大地方便用户。

计算机网络的由来

今天，计算机网络已经成为我们生活中不可或缺的一部分，生活处处反映着网络的力量。无论是台式机、笔记本电脑，还是智能手机，网络游戏、博客、微博、微信、网上影视等已经成为人们生活的一部分；团购、网上购物等电子商务形式更是带来了无限的商机和便利。然而，我们今天所接触的丰富多彩的计算机网络是如何发展来的呢？

（1）面向终端的第一代计算机网络

计算机网络大约产生于1954年，当时它只是一种面向终端的计算机网络。终端很像PC，但没有它自己的CPU、内存和硬盘，不具备数据的存储和处理能力。它是以单个主机为中心的星形网络，各终端通过通信线路与主机相连，共享主机的硬件和软件资源。主要采用分时系统，它将主机时间分成片，给用户分配时间片。片很短，会使用户产生错觉，以为主机完全为他所用。

（2）分组网络

20世纪60年代，正值美苏冷战时期，美国为了防止其军事指挥中心被前苏联摧毁后军事指挥出现瘫痪，于是开始设计一个由许多指挥点组成的分散指挥系统，并把几个分散的指挥点通过某种通讯网连接起来成为一个整体，以保证当其中一个指挥点被摧毁后，不至于出现全面瘫痪的现象。1969年，美国国防部高级研究计划管理局 ARPA（Advanced Research Projects Agency）把4台军事及研究用电脑主机连接起来，于是 ARPANET 网络诞生了，它标志着计算机网络的兴起，是计算机网络发展中的一个里程碑。这个计算机互联的网络系统是一种分组交换网。分组交换技术是将传输的数据加以分割，并在每段前面加上一个标有接受信息的地址标识，从而实现信息传递的一种通讯技术。分组交换技术使计算机网络的概念、结构和网络设计方面都发生了根本性的变化，为后来计算机网络的发展打下了基础。

（3）网络体系结构和协议标准化阶段

计算机网络系统是非常复杂的系统，计算机之间相互通信涉及许多复杂的技术问题，为实现计算机网络通信，计算机网络采用的是分层解决网络技术问题的方法。但是，由于存在不同的分层网络系统体系结构，它们的产品之间很难实现互联。为此，国际标准化组织 ISO 在 1984 年正式颁布了"开放系统互联基本参考模型"——OSI 国际标准，使计算机网络体系结构实现了标准化。

（4）以高速化、综合性为特征的网络

20 世纪 90 年代，计算机技术、通信技术以及建立在此基础上的计算机网络技术得到了迅猛的发展。特别是 1993 年美国宣布建立国家信息基础设施 NII 后，全世界许多国家纷纷制定和建立本国的 NII,从而极大地推动了计算机网络技术的发展，使计算机网络进入了一个崭新的阶段。目前，全球以美国为核心的高速计算机互联网络因特网已经形成，因特网已经成为人类最重要、最大的知识宝库。可以说，综合性和高速化正成为新一代计算机网络的发展方向。

计算机网络的功能

人们把计算机连接在一起组成网络，肯定是希望计算机网络能提供一种或几种单个计算机不能提供的功能，否则，人们就没有必要费神费力费钱把分布在各处的计算机连接起来。那么，计算机网络究竟能提供哪些单个计算机所不能提供的新功能呢？概括起来可以归纳为以下几点：

（1）实现计算机系统的资源共享

资源共享是计算机网络最基本的功能之一。"资源"指的是网络中所有的软件、硬件和数据资源。"共享"指的是网络中的用户都能够部分或全部地享受这些资源。用户所在的单机系统，无论硬件还是软件资源总是有限的。单机用户一旦连入网络，在操作系统的控制下，该用户可以使用网络中其他计算机的资源来处理自己提交的大型复杂问题，可以使用网上的高速打印机打印报表、文档，可以使用网络中的大容量存储器存放自己的数据信息；对于软件资源，用户可以使用各种程序、数据库系统等。

（2）实现信息的快速传递

现代社会离不开信息，信息产业已成为国民经济的重要产业，随着计算机网络覆盖地域的扩大和网络的发展，信息交流与访问愈来愈不受地理位置、时间的限制。分布在不同地域的计算机系统可以及时、快速地传递各种信息，包括文字信件、新闻消息、咨询信息、图片资料、报纸版面等，极大地缩短了不同地点计算机之间数据传输的时间。这对于股票和期货交易、电子邮件、网上购物、电子贸易是必不可少的传输平台。

（3）提供分布式处理能力

单机具有的处理能力毕竟是有限的，而对于大型的综合性的科学计算和信息处理，如通过国际互联网中的计算机分析地球以外空间的声音、气象数据的处理等，通过适当的算法，将任务分散到网络中不同的计算机系统上进行分布式处理，而不是集中在一台大型计算机上，使其具有解决复杂问题的能力，大大提高效率和降低成本。

（4）提高资源的利用率

"云计算"是近年来发展迅速的一种新的计算机服务提供方式。云计算将大量用网络连接的计算资源统一管理和调度，构成一个计算资源池向用户按需服务。提供资源的网络被称为"云"。"云"中的资源在使用者看来是可以无限扩展的，并且可以随时获取，按需使用，按使用付费，这样就大大提高了网络资源，特别是服务器的使用效率。

（5）集中管理

对于那些地理位置上分散的组织、部门需集中管理的事务，可通过计算机网络来实现集中管理。例如飞机、火车订票系统，银行通存通兑业务系统，证券交易系统，数据库远程检索系统，军事指挥决策系统等。由于业务或数据分散于不同的地区，而又需要对数据信息进行集中处理，单个计算机系统是无法解决的，此时就必须借助于网络完成集中管理和信息处理。

（6）综合信息服务

网络的一大发展趋势是多维化，即在一套系统上提供集成的信息服务，包括来自政治、经济、生活等各方面的资源，同时还提供多媒体信息，如图像、语音、动画等。

计算机网络的应用

计算机网络由于其强大的功能,已成为现代信息业的重要支柱,被广泛地应用于现代生活的各个领域,下面我们从几个领域看看有关计算机网络的应用。

(1)办公自动化

随着时代的发展,人们已经不满足于用个人微机进行文字处理及文档管理,也不满足传真机、复印机等第一代办公自动化设备的使用,现在人们要求把一个单位的微机、数字复印机、数字打印机等连成网络,把公文处理、会议管理、信息发布、车辆调度等各项业务可靠、高效地完成。

(2)管理信息系统

对于现代化的企业,计算机局域网的应用给现代管理信息系统提供了网络平台,企业内的各个子系统可以在计算机网络上运行,网络可以实现各个子系统数据信息的共用和数据信息的传输,提高了企业的管理水平。

(3)过程控制

在现代化的工厂里,各生产车间的生产过程和自动化控制可以用局域网来相互通信、交换数据,控制各种设备协调工作。这样,可以大大提高生产效率,提高产品质量,从而有效地增加效益。

(4)因特网的应用

因特网是当今世界上规模最大的计算机互联网络,已延伸到170多个国家和地区,有着丰富的信息资源,具有强大的功能,成为人们工作、生活不可或缺的工具。主要有以下几方面的应用:可以收发电子邮件,给人们的通信带来了便利;能够进行信息发布,网络已经被称为继报纸、广播、电视之后的"第四媒体";电子商务是网络技术直接促进商品经济发展的最尖端应用;提供远程音频、视频应用,主要应用于IP电话、网上可视电话、远程多媒体教学、网上医院、影像传输等。

总之,随着网络的发展,它的应用也会越来越丰富,给人们的工作和生活带来更多的快乐和更多的便利。

计算机网络系统的组成

计算机网络是由两个或多个计算机通过特定通信模式连接起来的一组计算机。完整的计算机网络系统是由网络硬件系统和网络软件系统组成的。

网络硬件是计算机网络系统的物质基础。要构成一个计算机网络系统，首先要将计算机及其附属硬件设备与网络中的其他计算机系统连接起来。不同的计算机网络系统，在硬件方面是有差别的。组成一般计算机网络的硬件主要有：① 网络服务器，是通过网络操作系统为网上工作站提供服务及共享资源的计算机设备，服务器是网络中最重要的资源，配置要求较高。② 客户端，是网络中用户使用的计算机设备，包括台式机、笔记本电脑、智能手机等。③ 网络适配器，又称为网络接口卡或网卡，提供传输介质与网络主机的接口电路。④ 传输介质，其作用是在网络设备之间构成物理通路，以便实现信息的交换，最常见的传输介质有同轴电缆、双绞线、光纤，以及无线电波（如"Wi-Fi"）。⑤ 通信连接设备，如果要扩展局域网的规模，就需要增加通信连接设备，如调制解调器、集线器、交换机和路由器等。

在网络系统中，网络上的每个用户都可享有系统中的各种资源，系统必须对用户进行控制，否则，就会造成系统混乱、信息数据的破坏和丢失。为了协调系统资源，系统需要通过软件工具对网络资源进行全面的管理、调度和分配，并采取一系列的安全保密措施，防止用户对数据和信息不合理的访问，以防数据和信息被破坏与丢失。网络软件是实现网络功能不可缺少的软件环境。通常网络软件包括：① 网络操作系统。它是用以实现系统资源共享、管理用户对不同资源访问的应用程序，是最主要的网络软件。② 网络通信协议软件。网络中计算机之间、网络设备之间、计算机与网络设备之间进行通信时，双方只有遵循相同的通信协议才能实现连接，进行数据的传输，完成信息的交换。网络通信协议软件就是实现网络协议规则和功能的软件，它运行在网络计算机和设备中，计算机通过使用通信协议访问网络。③ 网络管理软件，是用来对网络资源进行管理和对网络进行维护的软件，可以对网络运行状况进行信息统计、报告、警告、监控。④ 网络应用软件，是指在网络环境下开发出来的供用户在网络上使用的应用软件，是为网络用户提供服务并为网络用户解决实际问题的,如著名的三维动画设计软件3DS、网络浏览器Internet Explore以及用户基于本地网络开发的应用软件。

总之,网络软件和网络硬件设备是构成网络的要素,两者缺一不可。

计算机网络的分类

如同人可以按高矮、胖瘦、地域分类等等,计算机网络也有多种不同的分类方法。我们经常听到局域网、互联网、星形网、对等网等名词,它们就是不同类型的网络。下面列举几种常见的网络类型及分类方法,并简单介绍其特征。

(1) 按计算机网络覆盖范围分类

网络中计算机设备之间的距离可近可远,即网络覆盖地域面积可大可小。按照联网的计算机之间的距离和网络覆盖面的不同,一般分为局域网(LAN,即Local Area Network)和广域网(WAN,即Wide Area Network)。局域网是指在某一区域内由多台计算机互联的计算机组。"某一区域"指的是同一办公室、同一建筑物、同一公司或同一学校等,一般是方圆几千米以内。广域网是一种跨越大、地域性的计算机网络的集合,通常跨越省、市,甚至一个国家。广域网包括大大小小不同的子网,子网可以是局域网,也可以是小型的广域网。

(2) 按计算机网络拓扑结构分类

把网络中的计算机及其他设备隐去其具体的物理特性,抽象成一个个节点,设备间的连线抽象成线段,就构成了拓扑结构,它是网络节点在物理分布和互联关系上的几何构型。按计算机网络的拓扑结构可将网络分为星形网、环型网、总线型网、树型网、网型网。

(3) 按网络的所有权划分

按网络的所有权可以将网络划分为公用网和专用网。

公用网大多由电信部门组建,由政府和电信部门管理和控制的网络,社会集团用户或公众可以租用,如我国已建立了数字数据网(DDN)、公共电话网(PSTN)等。

专用网也称私用网,一般为某一单位或某一系统组建,该网一般不允许其他单位或系统外的用户使用。如银行、公安、铁路等建立的网络是本系统专用的。

此外,网络可以按传输介质分类,分为有线网、光纤网和无线网;按服务方式分类,有客户机/服务器网络、对等网络以及分布式网络。

网络的拓扑结构

计算机连接的方式叫做"网络拓扑结构"(Topology)。网络拓扑是指用传输介质互联各种设备的物理布局,特别是计算机分布的位置以及电缆如何通过它们。设计一个网络的时候,应根据自己的实际情况选择正确的拓扑方式。每种拓扑都有它自己的优点和缺点。

拓扑学(Topology)是一个数学概念,它是几何学的一个分支。拓扑学把实体抽象成与其大小、形状无关的点,将连接实体的线路抽象成线,进而研究点、线、面之间的关系。例如,在一个城市中,如果把各地点抽象为一个个点,而把连接各地点的道路抽象为一条条直线,由此而形成的图就可以看做一个拓扑。

在计算机网络中,为进一步分析网络单元彼此互联的形状与其性能的关系,通常采用拓扑学的方法,把网络单元(客户机、服务器、交换机等)定义为节点,两节点间的连线称为链路。把网络节点画作"点",把它们之间的通信线路画作"线",这样画出的图形就是网络的拓扑结构图。

不同的拓扑结构其信道访问技术、网络性能、设备开销等各不相同,分别适应于不同场合。它影响着整个网络的设计、功能、可靠性和通信费用等方面。目前常用的计算机网络拓扑结构有四种,它们是总线网络、环形网络、星形网络和网状网络。在实际使用中,环形网络、星形网络和网状网络已经逐渐失去了市场。

总线型网络

总线结构是使用同一媒体或电缆连接所有终端用户的一种方式,也就是说,连接终端用户的物理媒体由所有设备共享。这种结构就像一根电线上连接多个灯泡一样。

可以看出,网络中所有站点要实现相互通信都要通过总线,整个通信容量被每个站点共享,任何一个站点的发送信号都可以沿着介质传播而且能被其他所有站点接收。连接在总线上的设备都要检查总线上传送的信息,信息的头部有一个接收地址,只有与接收地址相符的设备才能接收信息。当两个设备想在同一时间内发送数据时,将发生碰撞现象,所以一次只能由一个设备传输。这就如同将多部电话连接在一条电话线上,在同一时刻只能有一台电话向外拨打(发送信息)。这就需要某种形式的访问控制策略,以便决定哪一个站点可以发送信息,通常使用一种叫做"带有冲突检测的载波侦听多路访问策略"(简称为 CSMA/CD),可以将碰撞的负面影响降到最低。

在总线网络上的计算机发出的信号是从网络的一端传递到另一端,当信号传递到总线电缆的终端时会发生信号的反射。这种反射信号在网络中是有害的噪波,它反射回来后与其他计算机发出的信号互相干扰而导致信号无法为其他计算机所识别,影响了计算机信号的正常发送和接收,使网络无法使用。为防止这种现象产生,可在网络中采用终接器或类似的器件来吸收这种干扰信号。

总线型结构具有费用低、用户入网灵活、某个站点失效不影响其他站点的优点。缺点是所有的计算机在同一条总线上,发送信息比较容易发生冲突,所以实时性不强;另外在总线结构中,如果是传输介质故障,则故障的隔离比较困难,这段总线整个要切断。尽管有上述一些缺点,但由于布线要求简单,扩充容易,所以是局域网技术中使用最普遍的一种。

计算机网络分层体系结构

共享计算机网络资源以及在网络中实现信息传递,就需要实现不同系统中实体的正确、可靠的通信,计算机网络分层体系结构模型正是为解决计算机网络的这一关键问题而设计的。

一般说来,实体是能发送和接收信息的任何东西,包括用户应用程序、文件传送包、电子邮件设备以及终端等。由于不同系统中的实体之间通信的任务十分复杂,不可能作为一个整体来处理,否则任何一方面的改变,就要修改整个软件包,一种行之有效的方法是采用分层方式进行处理,即将整个网络的通信功能划分为多个层次,每层各自完成一定的任务,这就是分层的网络体系结构。分层结构中通信各部分的设计和测试相对较为简单,而且功能相对独立,大大降低了问题处理的难度;相邻两层有接口连接(也称为界面),以便实现功能的过渡,该过渡条件是接口协议,使本层通过接口向上一层提供服务;依靠层间接口连接和各层特定功能,可实现有机组合,完成不同类别及要求的两个系统(或计算机用户)间的信息传递。

计算机网络采用分层体系结构,可以有以下好处:

(1) 各层之间相互独立。高层只需知道如何通过接口使用下一层提供的服务,不需要知道下层工作的细节。

(2) 灵活性好。任何一层发生变化时,只要接口保持不变,则其余各层不受影响。

(3) 易于实现和维护。因为整个系统被分割为多个相对易于处理的部分,使得整个庞大而复杂的系统的实现和维护变得容易控制。

(4) 有利于促进标准化。由于每一层都有明确的功能和所提供的服务,因此十分利于标准化的实施。

1974年美国IBM公司提出了世界上第一个网络体系结构SNA,在此之后,许多网络公司纷纷推出了自己的网络体系结构,这些网络体系结构的共同之处在于都采用了分层技术,区别在于层次的划分、功能的分配、采用的技术术语不同。

总之,计算机网络体系结构是关于完整的计算机通信网络的一幅设计蓝图,描述了网络系统的各个部分应完成的功能、各部分之间的关系以及它们是怎样被联系到一起的,是设计、构造和管理通信网络的框架和技术基础。

OSI 参考模型

1974年IBM公司为了使本公司产品之间的通信标准化,制定了系统网络体系结构SNA,随后各主要计算机生产商纷纷制定了自己的网络体系结构,像IBM公司的令牌环网、苹果公司的AppleTalk等,为了有利于产品的开发和销售,各公司都对自家的计算机与数据终端的协议进行了标准化。但这样一来,由于这些厂家的产品不兼容,在同一网络中只能使用同一厂家的产品,其他厂家的产品无法接入,这样就强制网络用户只能购买同一厂商的产品。随着网络应用逐步走向了社会化,用户普遍要求建立标准的网络体系结构,使得不同制造商的产品能够匹配和协调,不同的计算机和网络系统能够相互连接。

1979年,国际标准化组织(ISO,International Standard Organization)制定了开放系统互联参考模型(OSI/RM,Open System Interconnection/Reference Model),简称为 ISO/OSI 标准,其目的是为了解决不同类型计算机系统之间的互联问题。它是得到最广泛认可的一种模型,OSI 模型的提出为计算机网络技术的发展开创了一个新纪元,现在的计算机网络便是以 OSI 模型为标准进行工作的。

OSI 模型将计算机网络的各个方面分成了互相独立的 7 层。这些层就像洋葱的层次一样:每一层都将其下面的层遮起来。在上面的层里,下面层次的细节被隐藏起来。

下面让我们来简单看看 ISO/OSI 七层的构成:

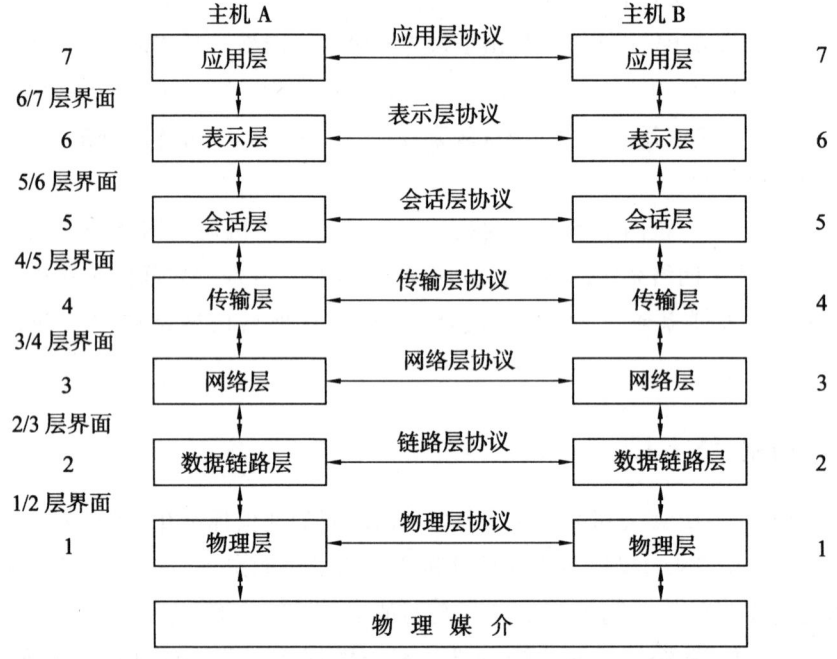

OSI 模型

(1) 物理层

OSI 模型的最底层。它提出了网络的物理特性,是整个开放系统的基础。其主要功能为数据端设备提供传送数据的通路、传输数据并完成物理层的一些管理工作。各种传输介质、T 型接插头、接收器、发送器、中继器等都属物理层的媒体和连接器。这里是二进制值 0 和 1 的世界,数据是以信号的电特性(高低电平)来表示。

(2) 数据链路层

数据链路可以粗略地理解为数据通道。物理层要为终端设备间的数据通信提供传输媒体及其连接。媒体是长期的,连接是有生存期的。在连接生存期内,收发两端可以进行一次或多次数据通信。每次通信都要经过建立通信联络和拆除通信联络两个过程。这种建立起来的数据收发关系就叫数据链路。而在物理媒体上传输的数据难免受到各种不可靠因素的影响而产生差错,为了弥补物理层上的不足,为上层提供无差错的数据传输,就要能对数据进行检错和纠错。数据链路的建立、拆除,对数据的检错、纠错是数据链路层的基本任务。

在这一层中,数据分成若干数据包,指明将要发送的每个数据包的大小、每个数据包的地址通过连接媒体传送到指定的接收者那里,并提供基本的错误识别和校正机制,以确保发送的数据和接收的数据一样。数据链路层的主要产品有网卡、网桥。

(3) 网络层

网络层属于 OSI 中的较高层次了,从它的名字可以看出,它解决的是网络之间,即网际的通信问题,而不是同一网段内部的事。网络层的主要功能就是告诉数据包从一个网络到另一个网络怎样走,即选择到达目标主机的最佳路径并沿该路径传送数据包,术语叫"路由"。除此之外,网络层还要能够消除网络拥挤,具有流量控制和拥挤控制的能力。网络中的路由器就工作在这个层次上,现在较高档的交换机也可直接工作在这个层次上,它们也提供了路由功能,俗称"第三层交换机"。

(4) 传输层

传输层解决的是数据在网络之间的传输质量问题,用于提高网络层服务质量,提供可靠的端到端的数据传输,它通过一个唯一的地址指明计算机网络上的每个节点,并管理节点之间的连接。同时将大的信息分成小块信息,并在接收节点将信息重新组合起来。

(5) 会话层

为会话实体间建立连接,并在两个会话用户之间实现有组织的、同步的数据传输。所谓会话,是指在两个会话用户之间为交换信息而按照某种规则建立的一次暂时联系,可以形象地理解为谈判前的准备工作。

(6) 表示层

表示层用于数据管理的表示方式,如用于文本文件的 ASCII 和 EBCDIC。如果通信双方用不同的数据表示方法,他们就不能互相理解。表示层的作用之一是为异种机通信提供一种公共语言,以便能进行互操作。这种类型的服务之所以需要,是因为不同的计算机体系结构使用的数据表示法不同。例如,IBM 主机使用 EBCDIC 编码,而大部分 PC 机使用的是 ASCII 码。在这种情况下,便需要会话层来完成这种转换。

(7) 应用层

这是 OSI 参考模型的最高层,它解决的也是最高层次即程序应用过程中的问题,讨论应用程序同网络通信所需要的技术,它直接面对用户的具体应用。应用层包含用户应用程序执行通信任务所需要的协议和功能,如电子邮件和文件传输等。

网络协议

大家知道,在公路上行车必须遵守交通规则,交通规则是交通管理部门人为制定的,所有行车人必须要遵守的统一规则。通过网络连接的计算机系统之间在通信过程中也必须遵守一定的约定和规程,以便保证能够相互连接和正确交换信息,这些约定和规程是事先制定的,并以标准的形式固定下来,这就是网络协议,网络协议就是网络通信的规章制度。

计算机网络协议与人会话规则相似,要想顺利地进行会话,会话双方必须用同一种语言,只能讲英语的人和只能讲汉语的人不能直接对话。两个实体要想成功地通信,它们必须具有同样的语言。交流什么、怎样交流及何时交流,都必须遵从有关实体间某种互相都能接受的规则,例如通信双方以什么样的控制信号联络,发送方怎样保证数据的完整性和正确性,接收方如

何应答等。这些规则的集合称为协议,它可以定义为在两个实体间控制数据交换的规则的集合。协议主要由三个要素组成:

语法:用户数据与控制信息的结构和格式,即"如何讲"的问题。

语义:需要发出何种控制信息,以及完成的动作和作出的响应,即"讲什么"的问题。

时序:对事件实现顺序的详细说明,即"讲话次序"的问题。

网络里面充斥着各种协议,这些协议是由不同的标准组织以及技术提供商制定而成的。其中一种最通用的是 TCP/IP 协议,它是因特网网络通信的核心。局域网(LAN)协议和广域网(WAN)协议都是很重要的网络通信协议。

目前用于因特网网络通信的大多数协议都是由 IETF 制定的,而应用于 LAN 和 MAN 的都是由 IEEE 制定的。ITU-T 为 WAN 和电信通讯协议的制定作出了较大贡献。ISO 拥有自己的一套因特网网络通信协议集,主要应用在一些欧洲国家。

TCP/IP 协议

TCP/IP 协议(Transfer Control Protocol/Internet Protocol)叫做传输控制/网际协议,又叫网络通信协议,是网络中使用的基本的通信协议,这个协议是因特网的基础。虽然从名字上看 TCP/IP 包括两个协议,传输控制协议(TCP)和网际协议(IP),但实际上是一组协议,它包括上百个各种功能的协议,如远程登录、文件传输和电子邮件等,而 TCP 协议和 IP 协议是保证数据完整传输的两个最基本的重要协议。

TCP/IP 最大的优点之一是它与所采用的系统无关,可以连接各种不同的硬件和软件平台。它既不依赖于网络模型、传输媒体,也不依赖于操作系统和计算机硬件,TCP/IP 能够连接任意网络并在其上运行。通用性是 TCP/IP 成为世界上最流行的网络协议的原因。

在因特网内部,信息不是一个恒定的流,而是把数据分解成小包,即数据包。TCP/IP 协议的基本传输单位是数据包(datagram),TCP 协议负责把数据分成若干个数据包,并给每个数据包加上包头(就像给一封信加上信封),包头上有相应的编号,以保证在数据接收端能将数据还原为原来的格式,IP协议在每个包头上再加上接收端主机地址,这样数据才可以找到自己要去的地方(就像信封上要写明地址一样)。如果传输过程中出现数据丢失、数据失真等情况,TCP协议会自动要求数据重新传输,并重新组包。总之,IP协议保证数据的传输,TCP协议保证数据传输的质量。

综合布线系统

在一个现代化的建筑内,除了具有电话、视频、空调、消防、动力电线、照明电线外,信息传递所必需的连接线路也是不可缺少的。结构化布线系统是指在建筑物或楼宇内安装的传输线路,是一个用于语音、数据、影像和其他信息技术的标准结构化布线系统,以使语音和数据通信设备、交换设备和其他信息管理系统彼此相连,并使这些设备与外部通信网络连接。布线系统是由许多部件组成的,主要有传输介质、线路管理硬件、连接器、插座、插头、适配器、传输电子线路、电器保护设施等,并由这些部件来构造各种子系统。

结构化布线系统与传统的布线系统的最大区别在于:结构化布线系统的结构与当前所连接的设备的位置无关。在传统的布线系统中,设备安装在哪里,传输介质就要铺设到哪里;结构化布线系统则是先按建筑物的结构,将建筑物中所有可能放置设备的位置都预先布好线,然后再根据实际所连接的设备情况,通过调整内部跳线装置,将所有设备连接起来。同一条线路的接口可以连接不同的通信设备,例如电话或计算机。

由此可见,有了综合布线就相当于建立了"高速公路",想跑什么"车",想上什么系统,那就变得简便了。

结构化布线系统(PDS)采用模块化设计,可分为6个独立的子系统(模块),各组成部分构成一个有机的整体:

(1) 工作区子系统(Work Area Subsystem)

由终端设备到信息插座的连接(软线)组成。

(2) 水平干线子系统(Horizontal Backbone Subsystem)

将电缆从楼层配线架连接到各用户工作区的信息插座上,一般处在同一楼层。

(3) 垂直干线子系统(Riser Backbone Subsystem)

将主配线架与各楼层配线架系统连接起来。

(4) 管理间子系统(Administration Subsystem)

将垂直干缆线与各楼层水平布线子系统连接起来。

(5) 设备间子系统(Equipment Subsystem)

将各种公共设备(如计算机主机、数字程控交换机、各种控制系统、网络互联设备)等与主配线架连接起来。

(6) 楼宇子系统(Compus Backbone Subsystem)

将一个建筑物中的电缆延伸到另一个建筑物的通信设备和装置。

无线传输介质

双绞线、同轴电缆、光缆等都属于有线传输介质,其应用限于有限的区域内。随着传输距离的加大,传输介质在整个系统中所占的成本比例也越大,因而使系统性价比下降,而且线路越长,出现故障的概率越高,因而使系统的可靠性降低。此外,线路的铺设安装还受到地形条件的限制。为了克服有线传输介质的缺陷,有必要在计算机网络中利用空间传输无线信号,如微波、WLAN、蓝牙、Zigbee 等。

(1) 微波

微波通信的载波频率为 2~40 吉赫范围;因为频率很高,可以同时传送大量信息,如一个带宽为 2 兆赫的频段可容纳 500 条话音线路;如果用于数字信号,则可以达到每秒若干兆比特。

微波通信的工作频率很高,因此,它是沿着直线传播的。由于地球表面是球面,微波在地面的传输距离有限;直接传输的距离与天线的高度有关,天线越高传输距离越远,但是超过一定距离就要用中继站来接力。

(2) WLAN

WLAN 是 Wireless Local Area Network 的缩写,顾名思义,它是通过无线电波构成的局域网络,无线局域网本质的特点是不再使用通信电缆将计算机与网络连接起来,而是通过无线电波连接,从而使网络的构建和终端的移动更加灵活。

在无线网络领域,影响力较大的是无线局域网联盟 Wi-Fi 和全球微波互联接入论坛 WiMax。在我国，Wi-Fi 目前得到了更为广泛的应用。Wi-Fi 是一个无线网路通信技术的品牌，由 Wi-Fi 联盟所持有，它使用 ISM 频段中的 2.4GHz 或 5GHz 射频波段进行无线连接，这一频段属于不必授权的开放频段。由于它可以将个人电脑、手持设备（如 PDA、智能手机）等终端以无线方式便捷地互相连接，近年来得到了迅速普及，我们在家庭、酒店、咖啡馆、机场随处可以找到可供使用的 Wi-Fi 接入点。

Wi-Fi 无线上网传输速度非常快，可以达到 54Mbps，符合日益发展的网络需求。Wi-Fi 最主要的优势在于不需要布线，因此非常适合移动办公用户的需要，并且由于发射信号功率低于 100 毫瓦，低于手机发射功率，所以 Wi-Fi 上网相对也是安全健康的。

（3）蓝牙

蓝牙是一种支持设备短距离通信（一般 10m 内）的无线电技术。能在包括移动电话、PDA、无线耳机、笔记本电脑、相关外设等众多设备之间进行无线信息交换。利用"蓝牙"技术，能够有效地简化移动通信终端设备之间的通信，也能够成功地简化设备与因特网之间的通信，从而使数据传输变得更加迅速高效，为无线通信拓宽道路。蓝牙采用分散式网络结构以及快跳频和短包技术，支持点对点及点对多点通信，工作在全球通用的 2.4GHz 频段，其数据速率为 1Mbps。

蓝牙这个名字来自于 10 世纪的一位丹麦国王 Blatand，因为他喜欢吃蓝莓，牙龈每天都是蓝色的，所以又被称为"蓝牙"，Blatand 国王因口齿伶俐、善于交际而著名。因此，当这项无线组网技术出现时，需要一个极具表现力的名字来命名这项高新技术，人们认为用"蓝牙"这个词再合适不过了。

蓝牙具有低功率、低成本、内置安全性、稳固、易于使用并具有即时联网功能等特点。

（4）Zigbee

Zigbee 是一个低功耗局域网协议。根据这个协议规定的技术是一种短距离、低功耗的无线通信技术。这一名称来源于蜜蜂的"八字"舞，由于蜜蜂（bee）是靠飞翔和"嗡嗡"（zig）地抖动翅膀的"舞蹈"来与同伴传递花粉所在方位信息，也就是说蜜蜂依靠这样的方式构成了群体中的通信网络。Zigbee 的特点是近距离、低复杂度、自组织、低功耗、低数据速率、低成本，主要适合用于自动控制和远程控制领域,可以嵌入各种设备。近年来,随着物联网技术的普及,在家居智能化和仓库管理、物流等领域应用广泛。

局域网的基本构成

随着计算机网络的日益发展,从政府机关、企事业单位、金融机构、百货商场,到一个部门、一个办公室、一个家庭,到处都可以看到网络给人们的工作和生活带来的便利。在众多的网络应用中,局域网的应用尤显突出,成为网络中备受关注的技术和应用之一。

局域网(LAN)是计算机通讯网的重要组成部分,是在一个局部地区范围内,把各种计算机、外围设备、数据库以及用于连接其他网络而使用的网间连接器等相互联结起来组成的计算机通信网,能够进行高速数据通信。

局域网工作的区域范围和用户数量有限,网络传输速率高,误码率低,局域网内部用户可以互相通信、共享资源,在企业办公自动化、企业管理、工业自动化、计算机辅助教学等方面得到广泛的使用。

局域网的硬件系统一般由服务器、工作站、网络设备、传输介质四部分组成,在此基础上,由网络操作系统和相应的管理和应用软件构成局域网的软件系统。

常见的局域网类型有以太网(Ethernet)、令牌环网(Token Ring)、令牌总线网(Token Bus),以及光纤分布数据接口(FDDI)等。

目前 LAN 的使用已相当普遍,其主要用途是:共享打印机、绘图仪等外部设备;通过公共数据库共享各类信息;向用户提供诸如电子邮件之类的高级服务等。

局域网可以通过公用数据通信网或专用的数据线路,与远距离的其他网络系统相连接,成为广域网中的一部分,共同构成一个大范围的信息处理系统。

网络硬件总揽

计算机网络的硬件系统通常由五部分组成:服务器、工作站(包括终端)、传输介质、网络连接设备和外部设备。

服务器一般要求是配备了高性能 CPU 系统的计算机,它充当网络的核心,除了管理整个网络上的事务外,它还必须提供各种资源和服务。

工作站可以说是一种智能型终端,一般由 PC 机充当工作站角色,它从文件服务器取出程序和数据后,能在本站进行处理。

传输介质是通信网络中发送方和接收方之间的物理通路,目前常用的网络传输介质有双绞线、同轴电缆、光缆等有线传输介质以及微波等无线传输介质。

要实现计算机网络互相通信的功能,光有传输通道还是不够的,还要用到各种各样的网络连接设备。就像交通道路一样,还要有路口控制信号灯、立交桥等,才能真正实现畅通。常用的网络连接设备有网络接口卡(NIC)、调制解调器(Modem)、集线器(HUB)、交换机(Switcher)、路由器(Router)等。

打印机、扫描仪、绘图仪以及其他任何可为工作站共享的设备都被称为外部设备。

服务器

服务器英文名称为"Server",是为网络提供资源、控制管理或专门服务的计算机系统,安装有网络操作系统(如 Windows Server 2008、Linux、Unix 等)和各种服务器应用系统软件(如 WWW 服务、电子邮件服务),是网络控制与管理的核心,主要用于网络管理、运行应用程序、处理各网络工作站成员的信息请求等。

服务器按照其功能可以分为:文件服务器、网络打印服务器、网络通信服务器(如代理服务器 Proxy)、网络数据库服务器(如 SQL Server)、因特网的应用服务器(如 WWW 服务器)。

广义上的服务器是指向运行在别的计算机上的客户端程序提供某种特定服务的计算机或是软件包。这一名称可能指某种特定的程序,也可能指用于运行程序的计算机,一台单独的服务器计算机上可以同时有多个服务器软件包在运行,也就是说,它们可以向网络上的客户提供多种不同的服务。

从本质上来看,服务器本身也是一种计算机,对于小型网络,也经常会使用普通台式机作为服务器来使用。但是,一般情况下专用服务器的处理速度和系统可靠性都要比普通计算机高得多。

服务器的种类按照不同的分类标准,可分为许多种。

（1）按网络规模划分

按网络规模划分,服务器分为工作组级服务器、部门级服务器、企业级服务器。这三种服务器之间的界限并不是绝对的,比如工作组级服务器和部门级服务器的区别就不是太明显,有的干脆统称为"工作组/部门级"服务器。

（2）按架构划分

按照服务器的结构,可以分为 CISC 架构的服务器和 RISC 架构的服务器。

CISC 架构主要指的是采用英特尔架构技术的服务器,即我们常说的"PC 服务器";RISC 架构的服务器指采用非英特尔架构技术的服务器,如 Power PC、Alpha、PA-RISC 等采用 RISC 技术的 CPU 的服务器。

客户端

客户端也称为工作站（Workstation）,指连入网络的计算机,它接受网络服务器的控制和管理,能够共享网络上的各种资源。个人计算机接入因特网后,在获取因特网服务的同时,其本身就成为一台因特网上的工作站。网络工作站需要运行网络操作系统的客户端软件。

随着各类平板电脑、智能手机的出现,这些设备本质上是一个个小型化的手持计算机设备,具有相当强大的网络功能。它们自然也就成了网络客户端中迅速扩大的主力队伍。

网卡

网卡是网络接口卡（Network Interface Card,即 NIC）的简称,是插在计算机扩展槽上的集成电路卡。网卡是计算机局域网中最重要的连接设备,计算机主要通过网卡连接网络。

在网络中,网卡的工作是双重的:一方面,它负责读入由网络设备传输过来的数据包,经过拆包,将它变为计算机可以识别的数据,并通过主板上的总线传输给本地计算机;另一方面,它将计算机要发送的数据打包后输送至网络。

网卡都带有连接介质的接口,网络中的计算机就是通过网卡接口和传输介质连入网络的。网卡拥有一个全球唯一的网卡地址,它是一个长度为48位的二进制数,为计算机提供了一个有效的地址。计算机联网后执行的各种网络控制命令都是通过网卡接收和执行的,网卡接收控制命令后,便执行相应的网络操作。网卡实现了对传输介质内信息传送方向的控制,即信息是进行发送还是接收,若发送,便将信息打成数据包发送,若是接收,则取下传送的数据包。在网卡进行发送和接收过程中,还要进行传输错误检测。

网卡随网络结构不同而不同,如有以太网卡、令牌环网卡、ATM 网卡、FDDI 网卡等。组建什么类型的网络,就用什么类型的网卡,在单一结构的网络中不能混用。

网卡可按以下的标准进行分类:按网卡所支持带宽的不同可分为 10 M 网卡、100M 网卡、10/100 M 自适应网卡、1 000 M 网卡;按网卡的接口类型不同,常见的有 RJ45 接口(双绞线接口)和光纤接口两种。

随着无线网络得到广泛应用,笔记本电脑、手持设备中内置无线网卡也已非常普及。

网络集线器

集线器称为"Hub","Hub"在英语里是"港湾、中心"的意思,中文译为集中器、集线器,顾名思义,集线器是计算机网络中数据交汇的枢纽之一,是网上计算机信息出入的"港湾"。集线器可以连接多个用户节点,每个经集线器连接的节点都需要一条专用电缆。

集线器

集线器在 OSI 七层模型中处于物理层,其所起的作用相当于多端口的中继器。其区别仅在于集线器能够提供更多的端口服务,所以集线器又叫多口中继器。首先集线器是一个多端口的信号放大设备,工作中当一个端口接收到数据信号时,由于信号在从源端口到集线器的传输过程中已有了衰减,所以集线器便将该信号进行整形放大,使衰减的信号再生(恢复)到发送时的状态,紧接着转发到其他所有处于工作状态的端口上。从 Hub 的工作方式可以看出,它在网络中只起到信号放大和重发作用,是一个信号放大和中转的设备,其目的是扩大网络的传输范围,而不具备信号的定向传送能力,是一个标准的共享式设备,也就是说,集线器上所有的端口共享同一个带宽,在任何时候集线器所有端口出现的电信号都是相同的,就好像接在一段电线上的多个电话机,某一时刻说话的只能有一个人,只有让听的人判别什么是自己需要的。但是由于集线器价格便宜、组网灵活,它处于网络的一个星形结点,对结点相连的工作站进行集中管理,如果一个工作站出现问题,不会影响整个网络的正常运行,并且用户的加入和退出也很自由,因此很多局域网都在使用。

网络交换机

交换(switching)是按照通信两端传输信息的需要,用人工或设备自动完成的方法,把要传输的信息送到符合要求的相应路由上的技术统称。广义的交换机就是一种在通信系统中完成信息交换功能的设备。

在计算机网络系统中,交换概念的提出是对于共享工作模式的改进。集线器就是一种共享设备,集线器本身不能识别目的地址,当同一局域网内的 A 主机给 B 主机传输数据时,数据包在以集线器为架构的网络上是以广播方式传输的,由每一台终端通过验证数据包头的地址信息来确定是否接收。在这种工作方式下,同一时刻网络上只能传输一组数据帧的通讯,如果发生碰撞还得重试。这种方式就是共享网络带宽,通讯效率较低。

交换机拥有一条很高带宽的背部总线和内部交换矩阵。交换机的所有端口都挂接在这条背部总线上,控制电路收到数据包以后,处理端口会查找内部地址对照表以确定目的 MAC(网卡的硬件地址)的网卡挂接在哪个端口上,通过内部交换矩阵迅速将数据包传送到目的端口,目的 MAC 若不存在才广播到所有的端口,接收端口回应后交换机会"学习"新的地址,并把它添加到内部地址表中。

交换机在同一时刻可进行多个端口对之间的数据传输。每一端口都可视为独立的网段,连接在其上的网络设备独自享有全部的带宽,无须同其他设备竞争使用。当节点 A 向节点 D 发送数据时,节点 B 可同时向节点 C 发送数据,而且这两个传输都享有网络的全部带宽,都有着自己的虚拟连接。如果把集线器比喻成一根电线上串起来的多个电话机——同一时刻只能有一个人说话;交换机就好像把多部电话连接到电信局的程控交换机——任何两部电话只要对方有空,就能够通信。

总之,交换机是一种通过在数据的发送者和目标接收者之间建立临时的交换路径,使数据直接由源地址到达目的地址的设备。

路由器

路由器工作在 OSI 模型的第三层即网络层,在网络互联中起着至关重要的作用,主要用于局域网和广域网的互联。全球最大的互联网因特网就是由众多的路由器连接起来的计算机网络组成的,可以说,没有路由器,就没有今天的因特网。路由器是互联网的枢纽、"交通警察",是用来实现路由选择功能的一种媒介系统设备。所谓路由就是指通过相互连接的网络把信息从源地点传送到目标地点的活动。一般来说,在路由过程中,信息至少会经过一个或多个中间节点。

作为不同网络之间互相连接的枢纽,路由器构成了因特网的骨架,因特网的背后其实就是千千万万个路由器。路由器的一个作用是连通不同的网络,另一个作用是选择信息传送的线路。

路由器的主要功能为:路径选择、数据转发(又称为交换)和数据过滤。

路径选择:路由器一般有多个网络接口,包括局域网的网络接口和广域网的网络接口,每个网络接口连接不同的网络,是一个网状网的拓扑结构,这就为源主机通过网络到目的主机的数据传输提供了多条路径。路由选择就是从这些路径中寻找一条将数据包从源主机发送到目的主机的最佳传输路径的过程。在路由器中,路径选择是根据路由器中的路由表来进行的,每个路由器都有一个路由表,路由表中定义了从该路由器到目的主机的下一个路由器的路径。所以,路由选择是通过在当前路由器的路由表中找出对应于该数据包目的地址的下一个路由器来实现的。

数据转发:因特网用户使用的各种信息服务,其信息传送均以 IP 包为单位进行,IP 包除了包括要传送的数据信息外,还包含要传送的目的 IP 地址、发送信息的源主机 IP 地址以及一些相关的控制信息。当一个路由器收到一个 IP 数据包时,它将根据数据包中的目的 IP 地址查找路由表,根据查找的结果将此 IP 数据包送往对应端口。下一台 IP 路由器收到数据包后继续转发,直至发到目的地。

数据过滤:路由器的另外一个重要作用就是充当过滤器,将来自对方网络的不需要的数据阻止在网络之外,进而减少网络之间的通信量。

无线路由器

无线路由器是带有无线覆盖功能的路由器,它主要应用于用户上网和无线覆盖。无线路由器可以看做一个转发器,将家中墙上接出的宽带网络信号通过天线转发给附近的无线网络设备(笔记本电脑、支持 Wi-Fi 的手机等)。

市场上流行的无线路由器一般都支持各种宽带接入方式,它还具有 DHCP 服务、防火墙、MAC 地址过滤等功能,不少无线路由器既可以作为单纯无线网络接入点使用,也可以作为路由器来使用。有的无线路由器还可以将一个 3G/HSDPA USB modem 连接到它的内置 USB 接口,这样,即便是宽带网络失效或者出差在外,也可以把网络运营商提供的 3G 网络转换为无线局域网,提供移动设备方便使用。

无线路由器

相对于有线网络来说,通过无线局域网发送和接收数据更容易被窃听。设计一个完善的无线局域网系统,加密和认证是需要考虑的安全因素。无线局域网中应用加密技术的最根本目的就是使无线业务能够达到与有线业务同样的安全等级。针对这个目标,IEEE802.11 标准中采用了 WEP(有线对等保密)协议来设置专门的安全机制,进行业务流的加密和节点的认证。

网络操作系统

网络操作系统（NOS）是网络的心脏和灵魂，是向网络计算机提供网络通信和网络资源共享功能的操作系统。它是负责管理整个网络资源和方便网络用户的软件的集合。为用户提供使用网络资源的桥梁，在多个用户争用系统资源时进行资源分配，协调管理网络用户的进程或程序。由于网络操作系统是运行在服务器之上的，所以有时我们也把它称之为服务器操作系统。

网络操作系统与运行在工作站上的单用户操作系统的不同在于它们提供的服务有差别。一般地说，网络操作系统偏重于将与网络活动相关的特性加以优化，通过网络来管理诸如共享数据文件、软件应用和外部设备之类的资源；而单用户操作系统则偏于优化用户与系统的接口及在其上运行的应用。因此，网络操作系统可定义为对整个网络进行资源管理的系统软件。

目前局域网中主要存在以下几类网络操作系统：

（1）Windows 类

对于这类操作系统相信用过计算机的人都不会陌生，这是全球最大的软件开发商——Microsoft（微软）公司开发的。

（2）Unix

Unix 是老牌的操作系统，始于 20 世纪 60 年代，是一种典型的多任务网络操作系统，由 AT&T 和 SCO 公司推出。这种网络操作系统稳定性和安全性非常好，但它多数是以命令方式来进行操作的，不容易掌握。

（3）Linux

这是一种新型的网络操作系统，它的最大特点就是源代码开放，可以免费得到许多应用程序。目前也有中文版本的 Linux，如 REDHAT（红帽子）、红旗 Linux 等，它与 Unix 有许多类似之处。但目前这类操作系统仍主要应用于中高档服务器中。

（4）Android

Android，国内称为"安卓"，本义指"外表像人的机器人"，是一种基于 Linux 的自由及开放源代码的操作系统，主要用于移动设备，如智能手机和平板电脑，由 Google 公司和开放手机联盟领导开发。

2003 年,安迪鲁宾等人创建 Android 公司,并组建 Android 团队。22 个月后 Google 收购了 Android 公司及其团队。2007 年,谷歌公司正式向外界展示了这款名为 Android 的操作系统,并宣布建立一个全球联盟组织,共同研发改良 Android 系统。

第一部 Android 智能手机发布于 2008 年 10 月,2011 年第一季度,Android 在全球的市场份额跃居全球第一。Android 系统发展非常迅速,已经成为手机、平板电脑、家电、车载导航、照相机、游戏机等领域最主要的网络操作系统。

(5) iOS

iOS 是由苹果公司开发的手持设备操作系统,该系统最初是设计给 iPhone 使用的,后来陆续套用到各种苹果产品上。iOS 属于类 Unix 的商业操作系统。

苹果公司时任 CEO 乔布斯创造性地采用"苹果商店"的模式发展 iOS 应用软件,这使得各大软件公司以及开发者可以先搭建低成本的网络应用程序,并可以在全球客户付费下载后获得利益分享。苹果公司的 iOS 在全球智能手机操作系统中应用广泛。

iOS、Android 打破了长期以来微软在操作系统市场占有率上的垄断地位,使得全球网络应用出现了空前的活跃场面。

因特网的诞生

因特网(Internet)原译名为互联网络,1997 年全国科学技术名词审定委员会把 Internet 统一规范为"因特网"。

因特网是人类历史发展中的一个伟大的里程碑,是当今世界上覆盖面最广、规模最大、信息资源最丰富的,由众多计算机网络互联而成的开放的网络。它提供了极为丰富的信息资源和应用服务,对信息市场的开拓和信息社会的发展具有深远的影响,并已成为未来全球信息基础结构的雏形。

那么这个庞大的全球网络是怎样发展而来的呢?

因特网是各种新兴技术的产物,但它最初的诞生却与战争有关。20 世纪 60 年代初,古巴导弹危机使美国与前苏联间的冷战状态随之升温。美国国防部高级研究计划局(ARPA,Advanced Research Projects Agency)为了保证其计算机系统在遭受敌方打击时不至于全部瘫痪,投巨资由 BBN 公司负责研究各个计算中心之间的通信方法。1969 年,BBN 提出了被称为网络控制协议(NCP,Network Control Protocol)的分组交换网络协议,并且开发出对计算机进行网络控制的信息报文处理器(IMP,Information Message Processor)。随后,分别位于加利福尼亚大学洛杉矶分校、圣芭芭拉分校、斯坦福研究所及犹他州立大学的四台大型计算机被首先连接起来,建立全球第一个实验性计算机通信网络即 ARPANET。ARPANET 基于分组交换的概念,随后在网络建设和应用发展的过程中,逐步产生了 TCP/IP 这一广泛应用的网络标准。

1983 年,ARPA 网被分成军用与民用两部分,其中民用部分由国家科学基金会(National Science Foundation,NSF)管理。该基金会将美国各地的计算机中心连接起来,并在 1986 年建起 NSFNET,连接范围包括美国所有的大学和研究机构。NSFNET 以后又逐渐和全球各地原有的计算机网络相连,把因特网拓展到了全球范围。随着规模迅速扩大,它的应用领域也走向多样化,除了科学技术和教育之外,因特网的应用很快进入文化、政治、经济、娱乐以及商业领域。

1995 年美国国家科学基金会宣布,不再向因特网提供资金,因特网从此完全走上了商业化的道路。1997 年前后,由于各国对网络基础设施建设投入的加大,因特网在全球的拓展更加迅猛,成为连通世界上几乎所有国家、数千万台主机和数亿用户的网际网。目前,因特网已经成为全世界最大的计算机互联网。

因特网的组成

从本质上讲,因特网并不是某个具体网络的名称。它实际上是由各种不同网络按照某种协议通过通信线路互相连接起来的网络,是一个使世界上不同类型的计算机能够交换各类数据的通信媒体,用户可以跨越网络到不同的主机系统下工作。要实现跨越网络工作,各网络必须都支持 TCP/IP 通讯协议。从网络通信技术的角度看,因特网是一个以 TCP/IP 网络协议连接各个国家、各个地区以及各个机构的计算机网络的数据通信网。从信息资源的角度看,因特网是一个各种信息资源为一体,供网上用户共享的信息资源网。

因特网不是一个单一的庞大的网络,而是由许许多多的小的局域网互相连接而成的。因特网非常像地球上广阔的海洋,它实际上覆盖了全球,同样可以将因特网划分为大洋(子网)、海峡(网络间的连接)、大陆(超级计算机)、大岛(大型机、小型机或工作站)和一些数不胜数的小岛屿(个人计算机)。在它们之间来回穿梭的是数据流,或称为比特流,它们穿越数十万米,从一个港口(计算机端口)到达另一个港口(计算机端口)。在因特网中航行和在大海中航行的最大区别在于航行的速度,网上的用户不需要离开座位就可以每秒航行数千千米。你可以从中国出发到美国选取一份文件,将它复制到德国、日本,所有这一切都可以在弹指一挥间完成。这是技术上的一项伟大成就。

因特网是一种分层网络互联群体的结构,一般是由三层网络构成的:

(1) 主干网:主干网是因特网的最高层,它是因特网的基础和支柱网层,如美国的因特网主干网是由 NSFNET(国家科学基金会)、Milnet(国防部)、NSI(国家宇航局)及 ESNET(能源部)等政府提供的多个网络互联构成的。中国的因特网主干网由 Chinanet、CERnet、CSTnet、ChinaGBN 等构成。

(2) 中间层网:中间层网是由地区网络和商业用网络构成的。

(3) 底层网:底层网处于因特网的最下层,主要是由各科研院所、大学及企业的网络构成的。

因特网的特点是开放的,对用户是透明的,是一种自律的、自我管理和自我发展的网络,它的服务方式是一种交互式的信息传播媒体,用户可以主动挑选自己感兴趣的资料,同时也可以利用因特网将自己的愿望进行反馈,信息的传递是双向的。

IP 地址

住房子总得有个门牌号,这样邮递员才能把信准确地送到您家里。在因特网上有成千上万台主机,我们如何来分辨每一台主机呢?因特网上的主机也通过具有唯一性的网络地址来标记自己,这就是 IP 地址。

所谓 IP 地址就是 IP 协议为标识主机所使用的地址,它是由 32 位二进制数所构成的数值,分为 4 个字节,以 X.X.X.X 表示,每个 X 为 8 位,对应的十进制取值为 0~255,如 202.96.0.132。这种编址方法使得因特网可以容纳 40 亿台计算机,每一部连上因特网的主机 IP 地址都是唯一的,像电话号码一样,不允许乱设。

IP 地址分为网络地址和主机地址两部分。其中,网络地址用来标记一个物理网络,主机地址用来标记这个网络中的一台主机。

IP 地址按节点计算机所在网络规模的大小分为 A、B、C 三类。

A 类地址:分配给规模特别大的网络使用。A 类网络用第一组数字表示网络本身的地址(编号),后面三组数字作为连接在网络上的主机的地址。

B 类地址:分配给一般的大型网络。B 类网络用第一、二组数字表示网络的地址,后面两组数字代表网络上的主机地址。

C 类地址:分配给小型网络,如大量的局域网和校园网。C 类网络用前三组数字表示网络的地址,最后一组数字作为网络上的主机地址。

IP 地址中的网络地址是由因特网网络信息中心 NIC(Network Information Center)来统一分配的,它负责分配最高级的 IP 地址,并授权给下一级的申请者成为因特网网点的网络管理中心。每个网点组成一个自治系统(即自治域系统)。主机地址则由申请的组织自己来分配和管理,自治域系统负责自己内部网络的拓扑结构、地址建立及刷新等。这种分层管理的方法能够有效地防止 IP 地址的冲突。

域名

尽管 IP 地址能够唯一地标记网络上的计算机,但 IP 地址是一长串数字,不直观,而且用户记忆十分不方便,于是人们又发明了另一套字符型的地址方案,即所谓的域名地址。IP 地址和域名是一一对应的,这份域名地址的信息存放在一个叫域名服务器(DNS,Domain Name Server)的主机内,使用者只需了解易记的域名地址,其对应转换工作就留给了域名服务器。域名服务器就是提供 IP 地址和域名之间的转换服务的服务器。

域名类似于如下结构:计算机主机名.机构名.网络名.最高层域名。

这是一种分层的管理模式,域名用文字表达比用数字表示的 IP 地址容易记忆。加入因特网的各级网络依照域名服务器的命名规则对本网内的计算机命名,并在通信时负责完成域名到各 IP 地址的转换。由属于美国国防部的国防数据网络通信中心（DDNNIC）负责因特网最高层域名的注册和管理，同时它还负责 IP 地址的分配工作。

域名由两种基本类型组成：以机构性质命名的域和以国家地区代码命名的域。常见的以机构性质命名的域一般由三个字符组成，以机构性质或类别命名的域如下表：

域名	含义
com	商业机构
edu	教育机构
gov	政府部门
mil	军事机构
net	网络组织
int	国际机构（主要指北约）
org	其他非盈利组织

以国家或地区代码命名的域，一般用两个字符表示，是为世界上每个国家和一些特殊的地区设置的，如中国为"cn"，中国香港地区为"hk"，日本为"jp"，加拿大为"ca"，美国为"us"等。但是，美国国内很少用"us"作为顶级域名，而一般都使用以机构性质或类别命名的域名。

因特网的工作原理

因特网是由众多的计算机网络交错连接而成的网际网，作为它的成员的各种网络在通信中分别执行自己的协议。正如不同的国家使用不同的语言，那如何使它们之间进行信息交流呢？这就要靠网络上的世界语——TCP/IP 协议。TCP/IP 是因特网使用的通用协议，它规定了网上所有通信设备之间的数据往来格式及传送方式。我们经常听到的一些因特网上的服务，如 WWW、Telnet、FTP、E-mail、News 等等，都是架设在 TCP/IP 协议之上的。

有了 TCP/IP 协议和 IP 地址的概念，我们就很好理解因特网的工作原理了：当一个用户想给其他用户发送信息时，TCP 先把该信息分成一个个小数据包，并加上一些特定的信息（可以看成是装箱单），以便接收方的机器确认传输是正确无误的，然后IP再在数据包上标上地址信息，形成可在因特网上传输的TCP/IP数据包。

当TCP/IP数据包通过通信线路到达目的地后，计算机首先去掉地址标志，利用TCP的装箱单检查数据在传输中是否有损失，如果接收方发现有损坏的数据包，就要求发送端重新发送被损坏的数据包，确认无误后再将各个数据包重新组合成原文件。

就这样，因特网通过TCP/IP协议这一网上的"世界语"和IP地址实现了它的全球通信功能。

因特网的管理与使用规则

因特网在组织管理方式上让人不可思议，整个因特网没有总裁或首席执行官，它的正常运行靠来自全世界的用户共同维护。有人把因特网称为"没有首脑，没有法律，没有警察，没有军队"的"虚拟社会"，在许多方面像一个松散的"联邦"，加入联邦的各网络成员对于如何处理内部事务可以按照自己的选择。

在经费上，因特网的经费由各成员网络自行承担，例如，NSFNET的费用由NSF支付，行业性或区域性网络的经费由行业或区域政府的主管机构解决，网络之间连接所需的费用，一般由网络单位分摊。

当然，这不是说因特网没有日常的运行管理机构，因特网的运行管理由因特网各个层次上的日常运行管理机构负责，这种机构包括分散在各地的网络控制中心NOC和网络信息中心NIC。NOC负责监测管辖范围内网络的运行状态，收集运行统计数据，提供统计报告，实施运行状态的控制，以及实时排除运行故障等。NIC是面向用户服务的机构，负责因特网的注册服务、目录和数据库服务以及提供信息服务等。

由于因特网的开放性，构成了一个参与者具有较多"自由权力"的虚拟社会，加入因特网的用户成为"网络公民"，享受到国际"网络公民"的各种待遇，但由此也引发了一系列的社会问题：由于网络的日益普及，使信息的安全与高科技犯罪等问题日益突出；利用网络危害社会、他人的身心健康和个人隐私权力；知识产权保护问题等。这些问题说明，网络社会的背后是人类社会，虚拟的空间并非虚无缥缈，既然成为社会，遵守联网规范和合理使用网络的重要性是不言而喻的。

大家都知道在公路上开车总要遵守一定的交通规则，并提倡文明行车，同样因特网的用户在"信息高速公路"上传送各种信息的时候，也应该自觉遵守一些基本规则和礼节。这包括：

（1）不可在网络上恶意攻击别人。

（2）不可盗用别人的账号。

（3）不可企图侵犯别人的系统。

（4）不可在因特网上散布无用的垃圾信息。

（5）不可违反本国和国外的法律规定。

（6）不可乱闯因特网上的禁区，如银行、国家安全部门、军事基地等机构的计算机网络系统。

只要每个入网用户自觉做一个"文明网络公民"，因特网就会变成一个人人向往的"理想王国"，使我们的现实生活更加精彩。

因特网在中国

因特网的迅速崛起引起了全世界的瞩目，我国也非常重视信息基础设施的建设，注重与因特网的连接。

早在1986年，中国的有关学术部门就开始努力将因特网引入中国，但是最早建成的学术网络只是和因特网作电子邮件交换，并不能算真正的因特网的一部分。到1994年5月，中国科学院高能物理所成为第一个正式接入因特网的中国内地机构。后来发展为中国科学技术网络（CSTNET）。

与此同时，以清华大学为中心的中国教育与科研计算机网（CERNET）正式立项，并于1994年6月正式连通因特网。

1996年1月，由邮电部建设的因特网接入网——中国公用计算机互联网（CHINANET）的全国骨干网建成并正式开通，全国范围内的公用计算机互联网络开始提供服务。CHINANET是邮电部门经营管理的基于因特网网络技术的中国公用计算机互联网，是中国因特网的骨干网。通过接入因特网，而使CHINANET成为因特网的一部分。通过CHINANET的灵活接入方式和遍布全国各个城市的接入点，用户可以方便地接入因特网，享用因特网上的丰富资源和各种服务。

1996年9月，中国金桥信息网（CHINAGBN）连入美国的专线正式开通。中国金桥信息网宣布开始提供因特网服务，主要提供专线集团用户的接入和个人用户的单点上网服务。

1997年，中国公用计算机互联网（CHINANET）、中国科技网（CSTNET）、中国教育和科研计算机网（CERNET）、中国金桥信息网（CHINAGBN）实现了四个互联网络的互联互通。

随着因特网在中国的飞速发展，人们的生活方式因此产生巨大的改变，因特网在给人们带来便利、多彩的同时，人类社会也必将更加依赖因特网。

因特网的用途

因特网是一个涵盖极广的信息库，以商业、科技和娱乐信息为主，是一个覆盖全球的枢纽，我们可以简单概括因特网的基本功能：

（1）信息传播

人们可以把各种信息输入到网络中，进行交流传播。因特网上传播的信息形式多种多样，世界各地用它传播信息的机构和个人越来越多，网上的信息资料内容也越来越广泛和复杂。网络聊天、网络购物、发博客、微博、微信，已经成为人们生活中的一部分，因特网已成为世界上最大的广告系统、信息网络和新闻媒体。

（2）通信联络

因特网有电子邮件通信系统，人们可以利用电子邮件取代邮政信件和传真进行联络。还可以在网上通电话，乃至召开网络电话会议。

（3）资料检索

由于有很多人不停地向网上输入各种资料，特别是许多国家的著名数据库和信息系统纷纷上网，因特网已成为目前世界上资料最多、门类最全、规模最大的资料库，成为世界许多研究和情报机构的重要信息来源，人们可以自由地在网上检索所需资料。

因特网创造的电脑空间正在以爆炸性的势头迅速发展。你只要坐在微机前，不管对方在世界什么地方，都可以互相交换信息、购买物品、签订项目合同，也可以结算国际贷款。企业领导可以通过因特网洞察商海风云，从而确保企业的发展；科研人员可以通过因特网检索众多国家的图书馆和数据

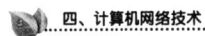

库;医疗人员可以通过因特网同世界范围内的同行们共同探讨医学难题;商界人员可以通过因特网实时了解最新的股票行情、期货动态;学生也可以通过因特网开阔眼界,并且学习到更多的有益知识。

总之,因特网能使我们现有的生活、学习、工作以及思维模式发生根本性的变化。无论来自何方,因特网使我们坐在家中就能够和世界交流,把我们和世界连在一起。

因特网的服务展示

因特网可以为我们提供的服务包括万维网(WWW)服务、电子邮件(E-mail)、文件传输(FTP)、远程登录(Telnet)、新闻论坛(Usenet)和新闻组(News Group)、电子布告栏(BBS)、Gopher 搜索、文件搜寻(Archie)等等,全球用户可以通过因特网提供的这些服务获取因特网上提供的信息和功能。下面我们介绍最常用的一些服务。

万维网(WWW)服务

WWW 是 World Wide Web(环球信息网)的缩写,也可以简称为 Web,中文名字为"万维网"。我们通常说的"上网",就是到网上去搜索、浏览信息。我们会发现在因特网上有无穷无尽的"网页",这就是所谓的"万维网"。

万维网是一种交互式图形界面的因特网服务,具有强大的信息连接功能,目前是因特网上增长最快的网络信息服务,也是因特网上最方便和最受用户欢迎的信息服务类型。它的影响力已远远超出了专业技术范畴,并且已经进入广告、新闻、销售、电子商务与信息服务等各个行业。

万维网是一个基于超文本(Hypertext)方式的信息查询工具,它起源于 1989 年,是由欧洲核子物理研究中心(CERN)研制的。通过它将位于全世界因特网上不同地点的相关数据信息有机地编织在一起。万维网提供这样一种友好的信息查询接口:用户仅需提出查询要求,而到什么地方查询及如何查询则由万维网自动完成。另外,万维网还可以提供其他因特网服务:E-mail,Telnet,FTP,Gopher 和 Usenet News。

万维网有如此强大的功能,那它是如何运作的呢?

万维网由遍布在因特网中的被称为万维网服务器的计算机组成。一个服务器除了提供它自身的信息服务外,还"指引"存放在其他服务器上的信息。那些服务器又指引着更多的服务器。这样,在环球范围的信息服务器互相指引而形成的信息网便出现了,这大概就是它的发明者将其命名为"布满世界的蜘蛛网(World Wide Web)"的原因。

当用户从万维网服务器取到一个文件后,用户需要在自己的屏幕上将它正确无误地显示出来。由于将文件放入万维网服务器的人并不知道将来阅读这个文件的人到底会使用哪一种类型的计算机或终端,要保证每个人在屏幕上都能读到正确显示的文件,必须以某种各类型的计算机或终端都能"看懂"的方式来描述文件,于是就产生了 HTML——超文本语言。

HTML(Hype Text Markup Language)的正式名称是超文本标记语言,是一种用来定义信息表现方式的格式化语言,HTML 对 Web 页的内容、格式及 Web 页中的超链接进行描述,该语言具有通用性、简易型、可扩展性、平台无关性等特点,并且支持用不同方式创建 HTML 文档。一份文件如果想通过万维网主机来显示的话,就必须要求它符合 HTML 的标准。Web 浏览器的作用就在于读取 Web 网点上的 HTML 文档,再根据此类文档中的描述组织并显示相应的 Web 页面。

万维网以客户机/服务器(Client/Server)的模式进行工作。在因特网上的一些计算机上运行万维网服务器程序,它们是信息的提供者。在用户的一端运行着万维网客户机程序,用来帮助用户完成信息查询。客户机程序主要有两种功能:向用户提供友好的使用界面和将用户的信息查询请求转换成查询命令,传送给网络上相应的万维网服务器进行处理。当万维网服务器接到来自某一客户机的请求后,就进行查询并将得到的数据送回该客户机,而万维网客户机程序将这些数据转换成相应的形式显示给用户。当一次通信完成后,服务器关闭与客户机的连接。

一个万维网服务器实际上就是一个文件服务器,万维网服务器结构化地存储着文档,客户机则是通过客户端软件查询万维网服务器上的信息,WWW 客户端的软件叫浏览器,浏览器向 Web 服务器发送各种请求,并对从服务器发来的由 HTML 语言定义的超文本信息和各种多媒体数据格式进行解释、显示和播放。

万维网服务的特点是它高度的集成性。它能将各种类型的信息(如文本、图像、声音、动画、影像等)与服务(如 News、FTP、Telnet、Gopher、E-mail 等)紧密联结在一起,提供生动的图形用户界面。万维网为人们提供了查找和共享信息的简便方法,同时也是人们进行动态多媒体交互的最佳手段。

浏览器

我们知道 WWW 以客户机/服务器(Client/Server)的模式进行工作,客户端运行的用于查看服务器内容的程序叫浏览器(Browser)。浏览器向 Web 服务器发送各种请求,并对从服务器发来的由 HTML 语言定义的超文本信息和各种多媒体数据格式进行解释、显示和播放。

浏览器的种类很多,目前常用的有谷歌浏览器(Google Chrome)、微软的 IE 浏览器(Internet Explore)、火狐浏览器(FireFox)、360 浏览器、百度浏览器等。浏览器是一个用户终端软件,它的核心作用是 HTML 句法的译码器,它能够将由 HTML 句法所定义的文本、图像、格式等很好地翻译出来,并将它们按照既定的格式显示在用户终端的显示屏中。

如果说因特网是大海,那么浏览器就是轮船,我们就是这艘船的舵手,它让更多的新用户能更快地掌握网络航海的技术,极大地推动了因特网的发展。

随着 Web 技术应用的日益广泛,人们对浏览器的期望也越来越高,希望它能提供越来越高的表达能力。为此 HTML 语言版本不断更新,浏览器软件版本也一再升级,以求满足用户不断增长的要求。

信息检索

网络上提供了丰富的信息资源,可以说是包罗万象,人们所需要的信息几乎都可以从网上找到。但是如何从这信息的海洋中找到真正符合需要的信息呢?

在因特网上查找信息的途径很多,大致可分为以下几种:

(1)偶然发现。这是在因特网中发现信息的原始方法。当你在因特网上遨游之时,也许会意外发现一些很有用的信息,但这种方法具有不可预见性。

(2)浏览(Browsing)。浏览就如同走进图书馆的书库,然后在书架上直接翻看一样。万维网提供的超文本方式可以看做是浏览的一种特殊形式。

（3）搜索（Searching）。搜索就像通过索引或分类卡片来帮助查找一样。因特网中许多站点提供给用户一种组合式的搜索界面——搜索引擎，使用搜索引擎可以快速找到所需信息，达到事半功倍的效果。

信息检索最理想的出发点就是 Web 站点的搜索引擎服务，下面介绍几种最基本的搜索引擎使用方法：

从站点给出的分类目录中选出主题类别或次级类别，然后你就可以看到一系列与这些页有关的链接表。你可以层层向下，直到找到你想要的东西。

如果你很清楚要找的网站（或网页）主题，可以直接在检索框内键入关键字（Keyword），并单击旁边的搜索按钮，搜索引擎会返回两类搜索结果：如果你从网站搜索中搜索，搜索结果页会列出网站名称、网站简介或网站关键字中含有与你键入的关键字相匹配的内容的所有相关网站；如果你从网页搜索中搜索，除了相关搜索的一些链接之外，搜索结果页会列出整个因特网上与你键入的关键字相匹配的内容的所有相关网页，相关程度越高，排列位置越靠前。

"网页搜索"的结果页面中，还有相关搜索的一些链接，可以输入新的字串，重新进行另一次搜索；或者在结果中搜索，以对搜索进行精确化。若第一次查找"计算机"时返回了太多网页，可以输入"家用电脑"在结果中查询，引擎会查出更为相关的内容。

此外，还有一些专门用来进行搜索的网站，如谷歌、百度等，只要在相应的检索框中输入查找的关键字即可找到需要的内容，非常方便。

电子邮件

"烽火连三月，家书抵万金"，这一千古传诵的佳句，表达了古人对信使的期盼和对亲人的思念。沧海桑田，日新月异，随着科技的进步，信件的传送方式也发生了巨大的变化，便捷性、可靠性等都有了很大程度的提高，现在又出现了一种新的电子传送方式，这就是电子邮件。

电子邮件的英文为 Electronic Mail，简称 E-mail，因而有人音译为"伊妹儿"。它是用户或用户组之间通过计算机网络收发信息的服务。它利用计算机的存储、转发原理,克服时间、地理上的差距,通过计算机终端和通信网络进行文字、声音、图像等信息的传递。目前电子邮件已成为网络用户之间快速、简便、可靠且成本低廉的现代通信手段,也是因特网上使用最广泛、最受欢迎的服务之一。

电子邮件之所以受到广大用户的喜爱,是因为与传统的通信方式相比,它具有明显的优点:

(1)发送速度快,通常在数秒钟内即可被送到全球任意位置的收件人的信箱里。

(2)信息多样化,可以将文字、图像、语音等多种类型的信息集成在一个邮件中传送,因此成为多媒体信息传送的重要手段。

(3)邮件收发方便,它不要求通信双方都在场,而且不需要知道通信对象在网络中的具体位置,从而跨越了时间和空间的限制。

(4)可以实现一对多的邮件传送,这样可以使得一位用户向多人发送通知的过程变得很容易。

(5)价格便宜,用户只需花极少的费用,即可将重要的信息发送到远隔千山万水的另一用户那里。

(6)可靠性高,安全性能好,不会受天气等外界条件的影响,及时送达。

使用电子邮件服务的首要条件是拥有自己的电子信箱,电子信箱是提供电子邮件服务的机构为用户建立的,当用户向电子邮件服务机构申请邮箱时,该机构就会在它的 E-mail 服务器上建立该用户的 E-mail 账户。建立电子邮箱,实际上是该机构在 E-mail 服务器磁盘上为用户开辟一块专用的存储空间,这个区域是由电子邮件系统管理的,用来存放该用户的电子邮件,这样用户就拥有了自己的电子邮箱。用户的 E-mail 账户包括用户名(User Name)与用户密码(Password)。通过 E-mail 账户,用户就可以开启自己的邮箱,发送和接收电子邮件。任何人可以将电子邮件发送到这个电子邮箱中,但只有邮箱的主人使用正确的用户名和用户密码时,才可以查看电子邮箱的信件内容对其中的电子邮件做必要的处理。

每个电子邮箱都有一个邮箱地址,称为 E-mail 地址。用户的 E-mail 地址格式为:用户名@主机名。主机名指的是拥有独立 IP 地址的计算机的名字,用户名是指在该计算机上为用户建立的 E-mail 账户名。例如:在

163.com 主机上,有一个名为 xiaoming 的用户,那么该用户的 E-mail 地址为:xiaoming@163.com。

电子邮件系统是采用"存储转发"方式为用户传递电子邮件。通过在邮件服务器上运行相应的软件,可以使这些计算机充当"邮局"的角色。当用户希望通过因特网给某人发送信件时,他先要与为自己提供电子邮件服务的计算机联机,然后将写明了收信人 E-mail 地址的信件发送给电子邮件系统,电子邮件系统会自动将用户的信件通过网络传送到目的地。若在传送过程中某个通信站点发现用户给出的收信人地址有误而无法继续传递,系统会将原信逐站退回并通知不能送达的原因。当信件送到目的地的邮件服务器后,该计算机的电子邮件系统就将它放入收信人的电子邮箱中等候用户自行读取。用户只要以计算机联机方式打开自己的电子邮箱,便可以查阅自己的邮件了。

现在,电子邮件已被广泛应用,"伊妹儿"成为"迷人的信使"。

BBS

因特网的魅力不仅表现在为用户提供丰富的信息资源,而且表现在能和分布在世界各地千千万万的网络用户进行交流,与他们针对某种话题展开讨论。讨论的话题可以涉及各个方面,你既可以发表自己的意见,也可以领略别人的观点,另外还可以发布消息,等等。

因特网上提供的网络交流工具是很多的,目前较常用的是 BBS。

BBS 是 Bulletin Board System 的简称,意即电子公告板。BBS 是因特网上最知名的服务之一,它开辟了一块"公共"空间供所有用户读取和讨论其中的信息,每个用户都可以在上面书写,可发布信息或提出看法。BBS 通常会提供一些多人实时交谈、游戏服务,公布最新消息甚至提供各类免费软件。各个 BBS 站点涉及的主题和专业范围各有侧重,用户可根据自己的需要选择站点,参与讨论,发表意见,征询建议,结识朋友。在 BBS 里,人们之间的交流打破了空间、时间的限制,而且无须考虑年龄、学历、社会地位等,也无从知道交谈的对方的真实社会身份。这样,参与 BBS 的人都可以处于平等的地位进行任何问题的探讨。

BBS 起源于 20 世纪 80 年代初,最早的 BBS 只提供消息投递和阅读功能,使用者通常是些计算机爱好者。随后,系统允许用户之间分享软件、文件,进行实时网络对话,信件传输等。为了提供更好的服务,一些站点实行收费政策,但目前因特网上还是有无数免费 BBS 站点。一般 BBS 站点地址以域名形式出现,这些站点可通过远程登录进行连接,更多的站点采用 WWW 的形式供用户使用。

目前各类 BBS 的主要功能有:

(1) 供用户自我选择阅读若干感兴趣的专业组和讨论组内的信息。

(2) 定期检查是否有新消息发布并选择阅读。

(3) 用户可在站点内发布消息或文章供他人查询。

(4) 用户可就站点内其他人的消息或文章进行评论。

(5) 免费软件的获取,文件传输。

(6) 同一站点内的用户互通电子邮件,进行实时对话。

云计算

我们通常会用 PC 机处理文档、存储资料,通过电子邮件或 U 盘与他人分享信息。如果 PC 机硬盘坏了,我们会因为资料丢失而束手无策。而在"云计算"时代,"云"会替我们做存储和计算的工作。

云计算是一种按使用量付费的模式,这种模式提供可用的、便捷的、按需的网络访问,进入可配置的计算资源共享池(资源包括网络、服务器、存储、应用软件、服务),这些资源能够被快速提供,只需投入很少的管理工作,或与服务供应商进行很少的交互。提供资源的网络被称为"云"。"云"中的资源在使用者看来是可以无限扩展的,并且可以随时获取。这就像用电一样,用户并不需要在家里装备发电机,而是直接从电力公司按需购买。云计算就是这样一种变革——由专业网络公司来搭建计算机存储、运算、应用中心,用户通过一根网线借助浏览器就可以很方便地访问,把"云"作为资料存储和应用服务的中心。

云计算具有以下几个主要特征:

(1) 资源配置动态化。根据消费者的需求动态划分或释放不同的物理和虚拟资源,当增加一个需求时,可通过增加可用的资源进行匹配,实现资源的快速弹性提供;如果用户不再使用这部分资源时,可释放这些资源。

(2) 需求服务自助化。云计算为客户提供自助化的资源服务，用户无须同提供商交互就可自动得到计算资源，同时云系统为客户提供一定的应用服务目录，客户可采用自助方式选择满足自身需求的服务项目和内容。

(3) 以网络为中心——云计算的组件和整体构架由网络连接在一起并存在于网络中，同时通过网络向用户提供服务。客户可借助不同的终端设备，通过标准的应用实现对网络的访问，从而使得云计算的服务无处不在。

(4) 服务可计量化。在提供云服务过程中，资源的使用可被监测和控制，是一种即付即用的服务模式。

(5) 资源的池化和透明化——对云服务的提供者而言，各种底层资源（计算、储存、网络、资源逻辑等）的异构性被屏蔽，边界被打破，所有的资源可以被统一管理和调度，成为所谓的"资源池"，从而为用户提供按需服务；对用户而言，这些资源是透明的、无限大的，用户无须了解内部结构，只关心自己的需求是否得到满足即可。

由于云计算具有安全、方便、共享等优点，并且为我们使用网络提供了几乎无限多的可能，因此"云计算"概念被大量运用到生产环境中，国外的 IBM 蓝云、亚马逊 Amazon EC2、谷歌 Google App Engine、微软 Windows Azure，国内目前有大量的政府和民间机构在搭建"云平台"，比如山东省科学院搭建的"山东省云计算中心"、浪潮集团搭建的"济南市云计算中心"等，各种"云计算"的应用服务范围正日渐扩大，它将带来生活、生产方式和商业模式的根本性改变。

物联网

物联网的概念是在 1999 年提出的，其英文名称是"The Internet of things"，顾名思义，"物联网就是物物相连的互联网"。它是通过射频识别（RFID）、红外感应器、全球定位系统、激光扫描器等信息传感设备，按约定的协议，把任何物品与互联网相连接，进行信息交换和通信，以实现对物品的智能化识别、定位、跟踪、监控和管理的一种网络。

物联网把新一代 IT 技术充分运用在各行各业之中，具体地说，就是把感应器嵌入和装备到电网、铁路、桥梁、隧道、公路、建筑、供水系统、大坝、油气管道等各种物体中，然后将"物联网"与现有的互联网整合起来，实现人类社会与物理系统的整合,在这个整合的网络当中,存在能力超级强大的中心计算机群,能够对整合网络内的人员、机器、设备和基础设施实施实时的管理和控制,在此基础上,人类可以以更加精细和动态的方式管理生产和生活,达到"智慧"状态,提高资源利用率和生产力水平,改善人与自然间的关系。

毫无疑问,如果"物联网"时代来临,可以随时随地实现人与人(通过 PC 和非 PC)、人与物、物与物之间的交互,人们的日常生活将发生翻天覆地的变化。国际电信联盟 2005 年一份报告曾描绘"物联网"时代的图景:当司机出现操作失误时汽车会自动报警;公文包会提醒主人忘带了什么东西;衣服会"告诉"洗衣机对颜色和水温的要求等。

物联网是互联网的自然延伸,以后更多的通过传感器收集的信息将极大地丰富互联网的资源,并且基于这些收集的信息可实现更多的基于交互信息的智能服务。

DDN 专线

DDN 是 Digital Data Network(数字数据网)的缩写,是利用数字信道传输数据信号的数据传输网,主要以光缆传输电路为主。DDN 既可用于计算机之间的通信,也可用于传送数字化传真、数字语音、数字图像信号或其他数字化信号。DDN 是同步数据传输网,具有传输质量高、误码率低、传输时延小、支持多种业务(数据、话音、传真、图像等),提供高速数据专线等优点,主要适用于业务量大且持续稳定或实时性强的中高速点对点或点对多点的通信,如应用于计算机主机互联、高速数据通信、电视会议等场合。网络经营者向广大用户提供了灵活方便的数字电路出租业务,供各行业构成自己的专用网。

中国公用数字数据骨干网(CHINADDN)于 1994 年正式开通,并已通达全国地市以上城市及部分经济发达县城。

宽带网

宽带网是现在非常时兴的名词。随着互联网在国内的广泛普及,追求上网的超快速度是现在网民们的共同梦想。宽带技术虽然在几年前已经发展,但直到现在才为人们所熟悉。它的上网速度可以是普通拨号上网的几十至几百倍,这也是它会受欢迎的原因。

那么究竟什么是宽带呢?宽带其实并没有很严格的定义,一般是以拨号上网速率的上限112千比特每秒为分界,将112千比特每秒及其以下的接入称为"窄带",之上的接入方式则归类于"宽带"。

宽带网是相对于传统网络而言,是具备较高通信速率和较高吞吐量的计算机网络。一般来说,宽带网络支持的通信速率可达10M以上。

与宽带网相对应的是窄带网,就是传统的拨号接入方式,即通过Modem、公用电话网以及利用无线电话(即手机)上网都是属于窄带接入方式。

宽带接入技术一直在不断探索发展中,目前主要有如下几种宽带接入方式:

第一种用ADSL宽带接入,ADSL技术是运行在原有普通电话线上的一种新的高速宽带技术,它利用现有的一对电话铜线为用户提供上行、下行非对称的传输速率(带宽)。它最初主要是针对视频点播业务开发的,随着技术的发展,逐步成为一种较方便的宽带接入技术,为电信部门所重视。

第二种是有线电视网宽带接入,它的上网速度最快,但目前还没有大规模展开应用。有线电视网络由于需要传输电视图像信号,其带宽要比基于电话线的网络高,因此它可以比电话线网络提供更快的连接速度。我国拥有世界上最大的有线电视网络,覆盖范围比电信网还广。因此在中国推广有线电视宽带网技术具有很好的基础。在有线电视宽带网络技术中,现在最受人们关注的是Cable Modem宽带网络技术,它是在混合光纤同轴网(HFC,Hybrid Fiber Coax)上发展起来的。

第三种是以太网接入,它速率扩展能力强,价格便宜,目前全国骨干网、城域网和城市内部都已经铺开,应用范围很广泛,现在很多连入住宅小区的网络就是用这种接入方式。

第四种是无线宽带技术,包括远距离无线宽带和近距离无线宽带两种。远距离无线宽带简单说就是微波通信技术,用两个微波接收器对接成功就可以实现无线上网,目前个人用户很少使用。近距离无线宽带是以特定频率的无线电波,在一定范围内可以取代双绞线等有形介质,实现宽带组网,目前已得到广泛使用。

随着宽带网的普及,宽带网会给人们提供更多的服务,除了传统的网络信息服务、电子信箱、教育娱乐等,电子商务、VOD影视点播、远程教育、远程医疗/保健、聊天室、视讯会议等也蓬勃发展,为用户提供一个高科技、现代化、信息化的平台。

网络安全

网络安全是指网络系统的硬件、软件及其系统中的数据受到保护,不因偶然的或者恶意的原因而遭到破坏、更改、泄露,系统连续可靠、正常地运行,网络服务不中断。

网络安全从其本质上来讲就是网络上的信息安全。从广义来说,凡是涉及网络上信息的保密性、完整性、可用性、真实性和可控性的相关技术和理论都是网络安全的研究领域。

网络安全的具体含义会随着"角度"的变化而变化。比如:从用户(个人、企业等)的角度来说,他们希望涉及个人隐私或商业利益的信息在网络上传输时受到机密性、完整性和真实性的保护,避免其他人或对手利用窃听、冒充、篡改、抵赖等手段非法占用和破坏信息,侵犯用户的利益和隐私。从网络运行和管理者角度说,他们希望对本地网络信息的访问、读写等操作进行保护和控制,避免出现病毒、非法存取、拒绝服务和网络资源非法占用和非法控制等威胁,制止和防御网络黑客的攻击。对安全保密部门来说,他们希望对非法的、有害的或涉及国家机密的信息进行过滤和防堵,避免机要信息泄露,避免对社会产生危害,对国家造成损失。

网络安全防范的重点主要有两个方面:一是计算机病毒,二是黑客犯罪。计算机病毒是我们大家都比较熟悉的一种危害计算机系统和网络安全的破坏性程序。黑客犯罪是指个别人利用计算机高科技手段,盗取密码侵入他人计算机网络,非法获得信息、盗用特权等,如非法转移银行资金、盗用他人银行账号购物等。随着网络经济的发展和电子商务的展开,严防黑客入侵,切实保障网络交易的安全,不仅关系到个人的资金安全、商家的货物安全,还关系到国家的经济安全、国家经济秩序的稳定问题,因此越来越引起高度重视。

目前确保网络安全的主要技术有防火墙技术、加密技术、虚拟专用网技术以及隔离技术等。

网络病毒和木马

随着计算机应用的普及,人们的工作、生活越来越依赖于计算机和网络。然而,来无影去无踪的计算机病毒却使人们时刻担心自己的计算机会被突如其来的"瘟疫"所吞噬。

令人们整日提心吊胆的计算机病毒究竟是什么呢?与医学上的病毒不同,计算机病毒并不是自然存在的,而是有些人利用计算机软件或者硬件固有的脆弱性编制的具有特殊功能的一段程序,这段程序能够通过某种途径潜伏在计算机存储介质或其他应用程序中,在某种条件下被激活后,进行自我复制并对计算机功能、数据或网络资源进行破坏。正是由于这些程序和医学上的病毒有极其相似的特性,同样具有传染性和破坏性,因此被叫做"计算机病毒",简称"病毒"。

国家公安部发布了官方的计算机病毒的定义:计算机病毒是在计算机程序中插入的破坏计算机功能或者毁坏数据,影响计算机使用,并能自我复制的一种计算机指令或者程序代码。

自 1986 年初第一个真正的计算机病毒 C-Brain 问世后,形形色色的病毒便不断涌现。计算机病毒种类繁多,虽然其感染对象和破坏性不同,但它们基本上都具有如下五个特点:破坏性、传染性、隐蔽性、潜伏性、寄生性。

蠕虫属于病毒的子类。首先,它控制计算机上可以传输文件或信息的功能。一旦系统感染蠕虫病毒,病毒即可独自传播。最危险的是,病毒可大量复制。例如,蠕虫病毒可向电子邮件地址簿中的所有联系人发送自己的副本,那些联系人的计算机也将执行同样的操作,结果造成多米诺效应,使网络和整个因特网的速度减慢。

通常,蠕虫传播无须用户操作,并可通过网络分发它自己的完整副本。蠕虫会消耗内存或网络带宽,从而可能导致计算机系统崩溃。蠕虫的传播不必通过"宿主"程序或文件,因此可潜入用户系统并允许其他人远程控制用户计算机。

在神话传说中,特洛伊木马表面上是"礼物",但实际上藏匿了袭击特洛伊城的希腊士兵。现在,特洛伊木马是指表面上是有用的软件,实际目的却是危害计算机安全并导致严重破坏的计算机程序。特洛伊木马可以以电子邮件的形式出现,电子邮件包含的附件实际上是一些试图禁用防病毒软件和防火墙软件的病毒。一旦用户打开电子邮件,特洛伊木马便趁机传播。

传统计算机病毒的传播途径只有各类存储介质,然而国际互联网开拓性的发展,信息与资源共享手段的进一步提高,也为计算机病毒的传播带来新的途径,病毒已经能够通过网络的新手段攻击以前无法接近的系统。互联网已经成为病毒传播的最大来源,电子邮件和文件下载为病毒传播打开了高速的通道。企业网络化的发展也有助于病毒的传播速度大大提高,感染的范围也越来越广。可以说,网络化带来了病毒传染的高效率,从而加重了病毒的威胁。

传统的病毒主要攻击单机,而蠕虫、特洛伊木马等网络病毒却会造成网络拥堵甚至瘫痪,直接危害到了网络系统;另外被病毒感染了的系统容易造成泄密等。

因此,网络病毒的防范成为网络安全的一个重要内容。

预防病毒的方法

计算机感染病毒后会给我们带来很多麻烦甚至造成系统无法正常使用、数据丢失等严重后果,因此如何预防病毒成为很多计算机用户最关心的问题。概括起来可以从以下几个方面来预防病毒:

(1) 杜绝传染渠道

病毒的传染主要是两种方式:一是网络,二是各种外部存储设备,如 U 盘、移动硬盘等。如今由于网络的盛行,通过互联网传递的病毒要远远高于后者。为此,我们要特别注意在网上的行为:

不要轻易下载小网站的软件与程序。

不要光顾那些很诱惑人的小网站,因为这些网站很有可能就是网络陷阱。

不要随便打开某些来路不明的 E-mail 与附件程序。

安装正版杀毒软件公司提供的防火墙,并注意时时打开着。

不要在线启动、阅读某些文件。

（2）使用合法的杀毒软件

现在的杀毒软件在很大程度上能防范病毒的破坏范围，只要使用合法的杀毒软件并定期升级，基本上能保证系统的安全性。杀毒软件的杀毒功能是根据已知病毒的特征代码对文件进行扫描杀毒的，防毒是根据病毒的工作原理及其行为进行判断的。

国内比较常用的杀毒软件有360安全卫士、金山毒霸、江民、瑞星等。一旦购买了正版软件，便可以免费从相应网站进行升级。

黑客

随着因特网的日益普及，"黑客"一词不仅越来越广泛地出现在新闻媒体、影视作品中，而且越来越多的网络安全事件背后，都闪烁着黑客们的身影。人们不仅对黑客世界充满了好奇，而且充满了畏惧。

黑客是英语"hacker"的译音，"hacker"的本意是劈或砍东西的人，后引申为对某种活动或者事务特别热衷，有钻研精神的人。早期的黑客就是对计算机和网络相关的各种技术深入钻研，非常精通而且敢于挑战传统的人的统称。现在黑客专指这样一些人：他们常常在未经许可的情况下，通过技术手段登录到他人的网络服务器甚至是连接在网络上的单机，并对其进行一些未经授权的操作。

黑客按其行为来分，有很多种类，许多黑客的行为只是为了显示自己高人一等的才能，他们喜欢研究新技术、发现新漏洞，以"能够进入任何系统"为荣；也有些黑客把自己当做网上的侠客，表现自己无孔不入的特点，适时适地地表现自己的侠义行为；最令人担心的一类黑客，多称为骇客（cracker），是利用手中的技术制造恶作剧，做一些违法的甚至会危及国家安全的行为。

黑客们的攻击行动是无时无刻不在进行的，而且会利用系统和管理上一切可能利用的漏洞。以往，黑客往往是指一些个人或小规模组织，自从出现"维基解密"网站，神奇的网络高手阿桑奇公布了9万多份驻阿美军秘密文件，让他足以成为创造历史的人物，人们开始感受到了黑客的不凡力量。2013年6月，就在美国政府不断指责其他国家对其开展网络攻击的情况下，美国中情局前技术助理斯诺登，放弃稳定的工作、舒适的生活，选择逃亡海外,向媒体揭发美国情报机构的"棱镜"(PRISM)计划。该计划监控互联网活动,秘密收集电话记录。微软、雅虎、谷歌、Facebook、PalTalk、美国在线、Skype、YouTube、苹果这 9 家科技公司参与其中,为美国情报机构提供信息,这在美国国内和世界各国都引发轩然大波,使美国陷入空前的丑闻之中。

一般认为,目前对网络的攻击手段主要表现在:

(1) 非授权访问

没有预先经过同意,就使用网络或计算机资源被看做非授权访问,如有意避开系统访问控制机制,对网络设备及资源进行非正常使用;擅自扩大权限,越权访问信息。它主要有以下几种形式:假冒、身份攻击,非法用户进入网络系统进行违法操作,合法用户以未授权方式进行操作等。

(2) 信息泄漏或丢失

它是指敏感数据在有意或无意中被泄漏出去或丢失,它通常包括:信息在传输中丢失或泄漏,如"黑客"们利用电磁泄漏或搭线窃听等方式可截获机密信息,或通过对信息流向、流量、通信频度和长度等参数的分析,推出有用的信息;信息在存储介质中丢失或泄漏;通过建立隐蔽隧道等窃取敏感信息。

(3) 破坏数据完整性

以非法手段窃得对数据的使用权,删除、修改、插入或重发某些重要信息,以取得有益于攻击者的响应;恶意添加、修改数据,以干扰用户的正常使用。

(4) 拒绝服务攻击

它不断对网络服务系统进行干扰,改变其正常的作业流程,执行无关程序,使系统响应减慢甚至瘫痪,影响正常用户的使用,甚至使合法用户被排斥而不能进入计算机网络系统或不能得到相应的服务。

(5) 利用网络传播病毒

通过网络传播计算机病毒,其破坏性大大高于单机系统,而且用户很难防范。

安全部门对黑客的活动非常重视,针对黑客对互联网世界所造成的威胁日益严重,网络与信息安全领域的专家加强交流与合作,成立了各种相应的组织来共同打击和预防黑客犯罪,并不断完善互联网和计算机技术,致力于发展反黑客技术。防范黑客入侵不仅是技术上的问题,还要制定严密、完整而又行之有效的法律手段、管理手段。

防火墙

随着因特网的飞速发展,大批的专用网与因特网连接了起来,网络之间都是可以相互通信的,它一方面方便了资源的使用,另一方面为黑客攻击这些网提供了可能性和途径。国家失去了边界的控制,它的国民也就失去了保护和安全感,这个道理也同样适用于网络。如果网络的访问失去了控制,存储于其中的数据的安全性和隐私权也就无处可言了。此外,计算机病毒也利用网络作为新的传播媒介,在网上迅速传播。这些威胁就像达摩克利斯之剑悬在了人们的头上,而防御和隔离这些威胁的重任就落在了防火墙身上。

防火墙的本意原是指在古代,房屋之间修建的一道墙,这道墙可以防止火灾发生的时候蔓延到别的房屋。而我们这里所说的防火墙当然不是指物理上的防火墙,而是我们所要保护的内部网络和外部网络之间的一道防御系统,以防止发生不可预测的、潜在破坏性的侵入。防火墙是内外部网络数据的唯一出入口,它可以监控进出内部和外部网络的数据,根据事先定义好的规则和策略,使得那些被核准的、安全的数据得以通行,而对那些非法的、不安全的数据进行阻塞和丢弃,使它不能进入内部网络,以此来保证内部网络的安全。同时防火墙自身具有较强的抗攻击能力,并尽可能地对外部屏蔽网络内部的信息、结构和运行状况,以此来实现网络的安全保护。防火墙是提供信息安全服务,实现网络和信息安全的基础设施。

(1) 包过滤型防火墙

包过滤型防火墙是防火墙的初级产品。网络上的数据都是以"包"为单位进行传输的,数据被分割成为一定大小的数据包,每一个数据包中都会包含一些特定信息,如数据的源地址、目标地址、源端口和目标端口等。防火墙通过读取数据包中的地址信息来判断这些"包"是否来自可信任的安全站点,一旦发现来自危险站点的数据包,防火墙便会将这些数据拒之门外。系统管理员也可以根据实际情况灵活制订判断规则。

包过滤技术的优点是简单实用,实现成本较低,在应用环境比较简单的情况下,能够以较小的代价在一定程度上保证系统的安全。但包过滤技术的缺陷也是明显的,它只能根据数据包的来源、目标和端口等网络信息进行判断,没有对数据进行跟踪和审核,有经验的黑客很容易伪造 IP 地址,骗过包过滤型防火墙。

(2)代理型防火墙

代理型防火墙也可以被称为代理服务器,它的安全性要高于包过滤型产品。代理服务器位于客户机与服务器之间,完全阻挡了二者间的数据交流。从客户机来看,代理服务器相当于一台真正的服务器;而从服务器来看,代理服务器又是一台真正的客户机。当客户机需要使用服务器上的数据时,首先将数据请求发给代理服务器,代理服务器再根据这一请求向服务器索取数据,然后再由代理服务器将数据传输给客户机。由于外部系统与内部服务器之间没有直接的数据通道,外部的恶意侵害也就很难伤害到内部网络系统。

代理型防火墙的优点是安全性较高,可以针对应用层进行侦测和扫描,对付基于应用层的侵入和病毒都十分有效。其缺点是对系统的整体性能有较大的影响,而且代理服务器必须针对客户机可能产生的所有应用类型逐一进行设置,大大增加了系统管理的复杂性。

数字签名

以往的书信或文件是根据亲笔签名或印章来证明其真实性的。但在计算机网络中传送的报文又如何盖章呢?这就是数字签名所要解决的问题。

数字签名的作用是用来确定用户是否是真实的。例如,当用户收到一封电子邮件时,邮件上面标有发信人的姓名和信箱地址,很多人可能会简单地认为发信人就是信上说明的那个人,但实际上伪造一封电子邮件对于一个计算机行家来说并不是一件难事。在这种情况下,就要用到加密技术基础上的数字签名,用它来确认发信人身份的真实性。

数字签名必须保证以下几点:接收者能够核实发送者对报文的签名;发送者事后不能抵赖对报文的签名;接收者不能伪造对报文的签名。

现在已有多种实现数字签名的方法,采用公开密钥算法要更容易实现。

下面就来介绍这种建立在公钥加密基础上的数字签名。

在签名和核实签名的处理过程中，数字签名引入了哈希算法（Hash Algorithm）。哈希算法对原始报文进行运算，得到一个固定长度的数字串，称为报文摘要，不同的报文所得到的报文摘要各异，但对相同的报文它的报文摘要却是唯一的，因此报文摘要也称为数字指纹。用签名算法对报文摘要加密所得到的结果就是数字签名。签名的基本原理是：发送方生成报文的报文摘要，用自己的私钥对摘要进行加密来形成发送方的数字签名，然后，这个数字签名将作为报文的附件和报文一起发送给接收方。接收方首先从接收到的原始报文中用同样的算法计算出新的报文摘要，再用发送方的公钥对报文附件的数字签名进行解密，比较两个报文摘要，如果值相同，接收方就能确认该数字签名是发送方的。数字签名机制既保证了报文的完整性和真实性，又具有防止抵赖的作用。数字签名技术是实现交易安全的核心技术之一，它的实现基础就是加密技术。

IPv6

IPv6 是"Internet Protocol Version 6"的缩写，也被称作下一代互联网协议，它是由 IETF（互联网工程任务组）设计的用来替代现行的 IPv4 协议的一种新的 IP 协定。

今天的互联网大多数应用的是 IPv4 协议（互联网协议第四版），IPv4 是 20 世纪 70 年代制定的协议，在多年的应用中，IPv4 获得了巨大的成功，但随着应用范围的扩大，它面临着越来越不容忽视的危机，例如地址匮乏等。

IPv6 是 1992 年提出的，主要起因是由于 Web 的出现导致了 IP 网的爆炸性发展，IP 网用户迅速增加，IP 地址空前紧张，由于 IPv4 只用 32 位二进制数来表示地址，能支持大约 40 亿个 IP 地址，地址空间相对较小，IP 网将会因地址耗尽而无法继续发展。因而 IPv6 首先要解决的问题是扩大地址空间，IPv6 将现有的 IP 地址长度扩大 4 倍，由当前 IPv4 的 32 位扩充到 128 位，以支持大规模数量的网络节点。这样 IPv6 的地址总数就大约有 3.4×10^{38} 个，由于地址足够丰富，所以任何一个接入网络的设备都可以有自己的"门牌"，互联网可以"无处不在"。例如智能家庭里的数字电视、冰箱，还有手机等设备，由于 IPv6 提供了足够的 IP 地址资源，从而使这些新设备接入网络成为可能。

IPv6支持更多级别的地址层次,IPv6的设计者把IPv6的地址空间按照不同的地址前缀来划分,并采用了层次化的地址结构,以利于骨干网络对数据包的快速转发。IPv6还有许多优良的特性,尤其安全性、服务质量、对移动通讯的支持等方面优势明显。采用IPv6的网络将比现有的网络更具扩展性、安全性,更容易为用户提供优质服务。

现在的IPv6协议是在1995年由Cisco公司的Steve Deering和Nokia公司的Robert Hinden完成起草并定稿的,即RFC2460(RFC:路由信息协议)。在1998年,IETF(互联网工程任务组)对RFC2460进行了较大的改进,形成了现有的RFC2460(1998版)。IPv6的其他标准也陆续由IETF的相关工作组制定出来,现已有100多项有关IPv6的RFC。经过一个较长的IPv4和IPv6共存的时期,IPv6最终会完全取代IPv4,在互联网上占据统治地位。

三网融合

"三网融合"又叫"三网合一",指电信网络、有线电视网络和计算机网络的相互渗透、互相兼容,并逐步整合成为全世界统一的信息通信网络。电信网、广播电视网、互联网在向宽带通信网、数字电视网、下一代互联网演进过程中,三大网络通过技术改造,其技术功能趋于一致,业务范围趋于相同,网络互联互通、资源共享,能为用户提供语音、数据和广播电视等多种服务。手机可以看电视、上网,电视可以打电话、上网,电脑也可以打电话、看电视。三者之间相互交叉,形成你中有我、我中有你的格局。"融合"并不意味着三大网络的物理合一,而主要是指高层业务应用的融合。三网融合应用广泛,遍及智能交通、环境保护、政府工作、公共安全、平安家居等多个领域。

三网融合打破了此前广电在内容输送、电信在宽带运营领域各自的垄断,明确了互相进入的准则——在符合条件的情况下,广电企业可经营增值电信业务、基于有线电视网络提供的互联网接入业务等;而电信企业在有关部门的监管下,可从事除时政类节目之外的广播电视节目生产制作、互联网视听节目信号传输、转播时政类新闻视听节目服务,IPTV传输服务、手机电视分发服务等。

三网融合,在概念上从不同角度和层次上分析,可以涉及技术融合、业务融合、行业融合、终端融合及网络融合。

(1) 基础数字技术。数字技术的迅速发展和全面采用,使电话、数据和图像信号都可以通过统一的编码进行传输和交换,所有业务在网络中都将成为统一的"0"或"1"的比特流,从而使得话音、数据、声频和视频各种内容(无论其特性如何)都可以通过不同的网络来传输、交换、选路处理和提供,并通过数字终端存储起来或以视觉、听觉的方式呈现在人们的面前。数字技术已经在电信网和计算机网中得到了全面应用,并在广播电视网中迅速发展起来。数字技术的迅速发展和全面采用,使话音、数据和图像信号都通过统一的数字信号编码进行传输和交换,为各种信息的传输、交换、选路和处理奠定了基础。

(2) 宽带技术。宽带技术的主体就是光纤通信技术。网络融合的目的之一是通过一个网络提供统一的业务。若要提供统一业务就必须要有能够支持音视频等各种多媒体(流媒体)业务传送的网络平台。这些业务的特点是业务需求量大、数据量大、服务质量要求较高,因此在传输时一般都需要非常大的带宽。另外,从经济角度来讲,成本也不宜太高。这样,容量巨大且可持续发展的大容量光纤通信技术就成了传输介质的最佳选择。宽带技术特别是光通信技术的发展为传送各种业务信息提供了必要的带宽、传输质量和低成本。

(3) 软件技术。软件技术是信息传播网络的神经系统,软件技术的发展,使得三大网络及其终端都能通过软件变更最终支持各种用户所需的特性、功能和业务。现代通信设备已成为高度智能化和软件化的产品,今天的软件技术已经具备三网业务和应用融合的实现手段。

当前,三网融合已经上升为国家战略的高度,其所涉及的广电业、电信业和互联网产业都是技术和知识密集型产业,而且我国在这三个产业领域均已有良好的应用基础,产业体量巨大,是中国电子信息产业的重要组成部分。三网融合的推进对调整产业结构和发展电子信息产业有着重大的意义。

图书在版编目(CIP)数据

电子信息技术/王协瑞主编.—济南:山东科学技术出版社,2013.10(2020.10重印)
(简明自然科学向导丛书)
ISBN 978-7-5331-7053-0

Ⅰ.①电… Ⅱ.①王… Ⅲ.①电子信息－青年读物 ②电子信息－少年读物 Ⅳ.①G203-49

中国版本图书馆 CIP 数据核字(2013)第 206115 号

简明自然科学向导丛书
电子信息技术
DIANZI XINXI JISHU

责任编辑:宋　涛
装帧设计:魏　然

主管单位:山东出版传媒股份有限公司
出 版 者:山东科学技术出版社
　　　　　地址:济南市市中区英雄山路 189 号
　　　　　邮编:250002　电话:(0531)82098088
　　　　　网址:www.lkj.com.cn
　　　　　电子邮件:sdkj@sdcbcm.com
发 行 者:山东科学技术出版社
　　　　　地址:济南市市中区英雄山路 189 号
　　　　　邮编:250002　电话:(0531)82098071
印 刷 者:天津行知印刷有限公司
　　　　　地址:天津市宝坻区牛道口镇产业园区一号路1号
　　　　　邮编:301800　电话:(022)22453180

规格:小 16 开(170mm×230mm)
印张:15
版次:2013 年 10 月第 1 版　2020 年 10 月第 3 次印刷
定价:29.00 元